하루 한 장 아이와 함께하는 영어 교감

❀ 올리버쌤의 ❀

미국식 아이 영어 습관

올리버 그랜트 글 · 정다운 그림

365

다산
북스

글

올리버 그랜트 Oliver Grant

▶ 언어학·스페인어 학사, TEFL 국제 영어교사
▶ 209만 명 구독 유튜브 채널 '올리버쌤' 운영

유튜브에서 '올리버쌤'을 운영하고 있다. 지금까지 사람들이 영상을 찾아본 조회수가 총 6억 뷰를 넘을 만큼 국민 영어 채널로 호응을 얻고 있다. 15살 때부터 독학으로 한국어를 공부했고 대학에서 언어학과 스페인어를 전공해 3개 국어에 능통하다. 10년 넘게 비영어권 국가의 학생들을 가르쳐왔고, 스페인에서 영어교사로 활동하다가 한국으로 건너와 초등학교와 중학교에서 영어를 가르쳤다. 한국에서 영어교사로 활동하던 중 유튜브에 영어학습 영상을 올리기 시작해 교과서 밖의 실전 영어를 배우고 싶어 하는 사람들로부터 큰 반응을 얻었고, 현재 209만 구독자를 보유한 채널로 성장했다. KBS 「1박 2일」, 「세계는 지금」, tvN 「외계통신」 등에 출연했고, EBSe 「올리버쌤 영어 꿀팁」을 진행했다. 한국인 아내와 결혼해 딸 체리와 함께 미국에 거주하고 있다.

유튜브 채널 올리버쌤
인스타그램 @oliverkorea

그림

정다운

▶ 17만 명 구독 인스타그램 일상툰 '마님툰' 연재

33살 생일 기념으로 남편 올리버에게 최신식 아이패드를 선물받은 이후 새로운 취미가 생겨 인스타그램에 '마님툰'을 연재하기 시작했다. 한국인이 미국에서 생활하며 겪는 문화적 차이와 사고방식의 차이 등을 예리하면서도 재미있게 포착해내고, 미국인 남편과 딸 체리와 함께 살아가는 이야기, 미국 텍사스 시골에서 살아가며 겪는 다양한 에피소드를 흥미로운 일상툰으로 매주 2회씩 연재하고 있다. 일상의 공감과 즐거움을 선사하며 17만 구독자를 보유한 채널로 성장했다. 미국 텍사스 시골에서 고양이 두 마리, 강아지 두 마리, 닭 다섯 마리 그리고 남편 올리버, 딸 체리와 함께 지내고 있다.

인스타그램 @manim_toon

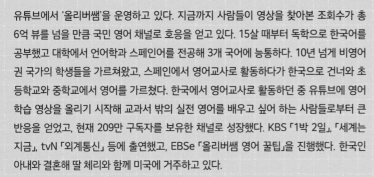

하루 한 문장 사랑을 담은 대화로 영어와 자연스럽게 친해질 수 있어요!

어릴 때부터 저는 언어에 관심이 많은 소년이었습니다. 스페인어를 하는 주변 사람들을 보고 언어에 관심이 생겨서 스페인어를 배웠고, 지구 반대편에 있는 한국이라는 나라의 언어에도 관심이 생겨서 한국어를 배우기 시작했어요. 당시에 제게는 언어를 배울 만한 인터넷도 책도 교재도 없었습니다. 그나마 어렵게 구한 CD가 있었어요. 어색하고 딱딱한 목소리로 녹음된 한국어가 너무 좋은 나머지, 커다란 CD플레이어를 주머니에 욱여넣고서 매일 듣고 따라 했어요. 언젠가 말똥 치우는 아르바이트를 하며 큰 목소리로 한국어를 따라 했는데, 누군가 제 모습을 보았다면 아마 어딘가 이상한 사람인 줄 알았을 거예요. 그래도 저는 개의치 않았어요. 새로운 언어를 배우는 것이 정말 즐거웠거든요. 한국에 간 이후로 한국어를 배우는 즐거움은 더 커져만 갔습니다.

순탄한 듯 보였던 제 언어 배우기 여정은 뜻밖의 과제를 만나게 되었어요. 아이가 태어나면서 언어에 대한 제 생각과 고민이 더 깊어졌거든요. 제 딸아이 체리는 미국에서 태어나고 자라겠지만, 한국어만큼은 반드시 가르쳐주고 싶었습니다. 체리의 뿌리의 절반은 한국이기 때문에 그 끈을 놓게 하고 싶지 않았거든요. 가족이 독일에서 미국으로 이민을 한 이후로 저는 독일어를 서서히 잊어버렸고, 뿌리를 잃어버리는 듯한 느낌을 뼈저리게 느껴봤기 때문에 그런 감정이 더 컸던 것 같아요.
튼튼한 역사적·문화적 뿌리 없이 자란다는 것은, 오랜 역사를 지닌 한국에서 태어난

여러분으로서는 상상하기도 어려울 만큼 굉장히 슬픈 일입니다. 가슴 한 곳에 구멍이 뚫린 채로 살아가는 기분이지요. 체리에게 한국어를 배우게 하고 든든한 문화적 뿌리를 느끼게 하는 것은 저와 아내가 체리에게 줄 수 있는 큰 유산 중 하나일 것이라고 생각했습니다. 저희는 어떤 방법으로 체리에게 한국어를 알려줄 수 있을지를 체리가 태어나기 훨씬 전부터 고민하기 시작했지요.
제가 미국인이고 아내는 한국인이기 때문에, 어떤 사람들은 저희가 괜한 고민을 깊이 한다고 생각할 수도 있을 것입니다. 엄마가 한국어를 하니까 큰 노력을 기울이지 않아도 아이가 자연스럽게 한국어를 할 것이라고요. 하지만 아이가 이중언어를 습득하기란 생각보다 꽤 어려운 일임을 조금만 관심을 가지고 주위를 보면 쉽게 알 수 있습니다. 예를 들어 한국에 사는 많은 영미권 부모님이, 아무리 열심히 영어로 아이에게 말을 걸어도 아이가 한국어만을 고집해서 깊은 소통을 포기한 채 지내는 모습을 텔레비전에서 자주 접할 수 있지요.
저희는 집에서는 꼭 한국어로 아이와 교감하기로 결정했습니다. 집에서 아이 앞에서 대화할 때 무조건 한국어로 하고, 아이에게 한국어로 말을 걸고, 한국어로 대답해줍니다. 아이가 말을 전혀 하지 못할 때부터요. 체리는 영어권 나라에서 살고 있기 때문에 영어를 배우기에 너무나 유리한 기울어진 운동장에 있는 셈입니다. 언어의 균형을 맞추기 위해 집에서 부모와 교감하는 가장 친밀한 언어를 한국어로 정한 것이지요.

하루 한 장 아이와 함께하는 영어 교감
올리버쌤의
미국식 아이 영어 습관 365

초판 1쇄 발행 2022년 10월 07일
초판 10쇄 발행 2024년 02월 05일

지은이 올리버 그랜트, 정다운
펴낸이 김선식

부사장 김은영
콘텐츠사업2본부장 박현미
책임편집 봉선미 디자인 어나더페이퍼 책임마케터 오서영
콘텐츠사업9팀장 차혜린 콘텐츠사업9팀 강지유, 최유진, 노현지
마케팅본부장 권장규 마케팅1팀 최혜령, 오서영, 문서희 채널1팀 박태준
미디어홍보본부장 정명찬 브랜드관리팀 안지혜, 오수미, 김은지, 이소영
뉴미디어팀 김민정, 이지은, 홍수경, 서가을, 문윤정, 이예주
크리에이티브팀 임유나, 박지수, 변승주, 김화정, 장세진, 박장미, 박주현
지식교양팀 이수인, 염아라, 석찬미, 김혜원, 백지은
편집관리팀 조세현, 김호주, 백설희 저작권팀 한승빈, 이슬, 윤제희
재무관리팀 하미선, 윤이경, 김재경, 이보람, 임혜정
인사총무팀 강미숙, 지석배, 김혜진, 황종원
제작관리팀 이소현, 김소영, 김진경, 최완규, 이지우, 박예찬
물류관리팀 김형기, 김선민, 주정훈, 김선진, 한유현, 전태연, 양문현, 이민운
펴낸곳 다산북스 출판등록 2005년 12월 23일 제313-2005-00277호
주소 경기도 파주시 회동길 490 다산북스 파주사옥
전화 02-704-1724 팩스 02-703-2219 이메일 dasanbooks@dasanbooks.com
홈페이지 www.dasan.group 블로그 blog.naver.com/dasan_books
종이 아이피피 인쇄 한영문화사 코팅 및 후가공 평창피앤지 제본 성일사

ISBN 979-11-306-2665-9 (10590)

🍀 핵심은 자연스러운 교감에 있습니다! 🍀

저희가 아이를 키우는 상황이 좀 독특해 보이나요? 그런데 조금만 생각해보면 별로 특별한 상황이 아닙니다. 한국에서 자녀를 키우는 많은 부모님이 아이에게 영어를 가르치듯, 저희는 아이에게 한국어를 가르칩니다. 영어가 모국어인 미국 사회에서 자녀에게 한국어를 가르치는 저희처럼, 여러분은 한국어가 모국어인 한국 사회에서 아이에게 영어를 가르치는 중이니까요. 저희가 미국에서 한국어를 가르치는 것이 쉽지 않은 것과 마찬가지로, 여러분도 한국에서 영어를 가르치기가 쉽지 않을 것입니다.

이 사실을 반영하듯, 많은 부모님이 아이의 영어 교육에 굉장히 많은 시간과 큰 비용을 투자하는 것을 쉽게 볼 수 있습니다. 시중에 나와 있는 많은 영어 교육 교재와 값비싼 영어 교육 시설을 보면, 어쩌면 한국 부모님이 들이는 노력이 저희보다 몇 배 이상일 거라는 생각도 듭니다. 그래서 정말 존경스럽고 대단하다고 생각합니다. 그런데 동시에 한 조각이 빠진 듯한 느낌이 들어요. 매우 작고 딱히 비싸지도 않지만 언어 교육에서 굉장히 중요하면서도 당연히 있어야 할 한 조각 말입니다.

잠깐 영어 이야기를 떠나 모국어 이야기를 해볼까요? 아이들은 엄마와 아빠의 입에서 나오는 음성을 들으며 언어를 배웁니다. 아이들은 재미있는 책이나 즐거운 동요보다 엄마와 아빠의 목소리를 더 좋아합니다. 친밀하게 교감을 할 수 있으니까요.

사랑이 가득한 교감을 하다 보면 조금씩 말도 또렷하게 하고 어느 순간 말을 떼기 시작하지요. 아이가 처음으로 '엄마', '아빠'와 같은 말을 할 때 얼마나 신이 나나요? 이 짜릿한 교감의 순간은 아이에게 언어란 엄마, 아빠와 마음을 나눌 수 있는 중요한 수단이라는 사실을 알려줄 것입니다. 그리고 앞으로도 계속 언어를 배우고 싶게 하는 큰 동기가 될 것입니다. 그래서 아이들은 책 없이도 엄마, 아빠와의 교감을 통해 모국어를 할 수 있게 됩니다.

모국어를 배울 때 엄마, 아빠와의 교감이 가장 중요하다는 건 아마 대부분의 부모님이 알고 계실 겁니다. 그런데 왜 영어를 가르칠 때는 가장 중요한 요소인 교감을 잊어버리게 될까요? 왜 아이가 영어 동화책과 동요를 많이 접하다 보면 자연스럽게 영어를 익히게 될 것이라고 생각할까요? 왜 알파벳을 잘 암기하지 못하는 아이에게 답답함을 느끼게 될까요? 왜 영어 교육비에 돈을 많이 지출하는데도 그만큼의 성과가 따라오지 않는 것에 때때로 짜증이 나는 걸까요?

Can I get two kisses, please?
뽀뽀 두 번 해주면 안 될까요?

Here's the last kiss of the year! I'll make it extra sweet for you!

올해 마지막 뽀뽀야! 더 달콤하게 해줄게!

아이가 잠들기 전 해주는 뽀뽀는 특별히 더 사랑스러워요. 그런데 12월 31일 밤엔
그해의 마지막 뽀뽀니까 평소보다 더 각별한 마음으로 뽀뽀를 하게 되지요.
내일 아침이 밝아 새해가 되면 얼마나 더 달콤한 뽀뽀를 많이 하게 될까요?
다가올 내일이 너무나 기대돼요!

 오늘의
단어 **Year** [명사] 해

🌸 쉽고 간단하게 아이와 일상을 영어로 이야기할 수 있어요 🌸

이 상황의 원인을 저는 어느 정도는 짐작하고 있습니다. 부모님이 아이와 영어로 교감하는 방법을 잘 모르기 때문이겠지요. 어떤 표현으로 어떻게 말해야 하는지 모르는 경우도 아주 많을 것입니다. 많은 한국인 부모님이 정규 교육과정과 토익과 같은 실무 영어 교육을 통해 높은 수준의 영어를 잘 구사할 수 있습니다. 하지만 어제보다 더 사랑한다, 더 꼭 안아줄까, 밥 줄까, 호호 불어 식혀줄까, 놀이터에 데려다줄까, 기저귀 갈아줄까 등 간단해 보이지만 아이와 소통할 때 반드시 쓰이는 표현은 잘 모릅니다. 정규 교육과정과 토익에서는 배우지 못한 표현이기에 그렇겠지요.

저는 제가 어릴 때 엄마에게 직접 들었던, 그리고 지금도 많은 미국인 부모님이 실제로 쓰는 살아 있는 영어 표현을 정리해보면 어떨까 생각하게 되었습니다. 다시 한번 강조하지만 어렵고 고급스러운 표현보다 교감에 집중해요. 이 책은 사랑의 표현부터, 예의를 알려주는 표현, 함께 놀 때 쓰는 표현, 자립심을 길러주는 표현, 상상력을 불러일으키며 즐거운 대화를 할 수 있는 표현 등 다양한 주제로 담았습니다.
이 책을 통해 여러분은 마치 미국의 부모님이 아이에게 말을 거는 것처럼 하루에 한 문장씩 아이와 대화하며 소통할 수 있을 것입니다. 한 문장씩 말하고 듣고 대답하며,

아이와 영어로 교감하는 즐거움을 느끼셨으면 좋겠습니다. 부모님과 영어로 나누는 교감이 즐거운 만큼 아이는 영어를 더 좋아하고 즐기게 될 테니까요.
아이가 아직 한마디도 따라 하지 못하더라도 너무 초조해하지 마세요. 아이가 태어나서 '엄마'라는 말 한마디를 제대로 하지 못할 때도 눈과 표정으로 말을 걸어주었잖아요. 어떨 때는 아이가 하고 싶을 말을 부모님이 대신하며 소통을 하지요. 마찬가지로 아이의 말을 부모님이 우선 다 소리 내서 들려주는 것도 좋습니다. 아이가 아직 말문이 트이지 않았다 해도 말귀는 다 알아듣는 것처럼, 영어도 마찬가지로 듣고 이해하는 것부터 시작하면 순차적으로 말하기 시작할 것입니다. 무엇보다 영어로 하는 엄마, 아빠와의 교감이 즐거운 시간이라는 것을 잊지 마세요.

한국의 많은 부모님과 저는 똑같은 과제를 안고 살고 있습니다. 모국어로 크게 기울어진 운동장에서 외국어를 알려주고 있지요. 저희는 운동장의 균형을 잡기 위해 '교감'을 무게 추로 사용하고 있습니다. 여러분은 어떤 무게 추를 사용하고 계시나요? 저희와 마찬가지로 '교감'을 무게 추로 사용하고 싶다면, 이 책에 담긴 다양한 표현이 여러분과 아이에게 좋은 역할이 되었으면 좋겠습니다. 모든 부모님 파이팅입니다!

The snow is so bright it hurts my eyes.
눈이 너무 밝아서 눈이 아파요.

Everything is covered in snow!

이 세상 모든 것이 눈으로 덮여 있어!

함박눈이 내리면 써볼 수 있는 표현이에요.
하얀 눈으로 덮여 반짝거리는 세상을 아이에게 보여주며 말할 수 있는 표현이거든요.
나무, 차, 길, 산 주변이 모두 눈으로 덮이면 마치 온 세상이 하얗게 변한 것만 같아요!
이런 경우에 **covered in snow**라는 표현을 사용하면 자연스럽습니다.

 오늘의 단어 **Covered** [형용사] 덮인, 가려져 있는

미국 가정집에서 아이에게
매일 말해주는 필수 영어 표현
365

미국 엄마, 아빠가 아이에게 매일 사용하는 영어 표현은 복잡하고 어렵지 않습니다. 쉽고 간단하지만 일상생활에서 일어나는 일 대부분을 표현할 수 있지요. 『올리버쌤의 미국식 아이 영어 습관 365』는 매일 한 장씩, 365가지 영어 표현을 아이와 함께 말해보며 영어 자신감을 키울 수 있는 만년 일력입니다. 1월부터 12월까지, 매달 아이의 마음에 힘이 되어주는 말들을 담고 있어 매일매일 아이와 이야기를 나누는 것만으로도 행복한 시간이 되어준답니다.

1월	2월	3월	4월	5월	6월
사랑	몸	오감	기분	자립심	지시하기
LOVE	BODY	FIVE SENSES	FEELINGS	SENSE OF INDEPENDENCE	INSTRUCTIONS
사랑을 전하는 말	영어로 몸을 표현해요	눈, 귀, 코, 입, 손으로 세상을 배우기	감정을 표현해 공감 능력을 키워요	스스로 해보며 성취감 배우기	구체적으로 지시해 이해력 높이기

7월	8월	9월	10월	11월	12월
예의	자연	놀이	격려	상상력	따뜻한 마음
MANNERS	NATURE	PLAY	ENCOURAGEMENT	IMAGINATIVE POWER	TENDER HEART
긍정적인 표현으로 존중하기	집 밖의 세상을 탐험해요	놀이할 때 꼭 사용하는 표현들	자기만의 속도가 있어요	상상의 나래를 펼치는 대화	즐거운 시간을 함께 나누어요

**Can we eat popcorn
while we watch?**

영화를 보면서 팝콘 먹어도 돼요?

Would you like to see a movie about New Year's Eve before bed?

자기 전에 재미있는 연말 영화 볼까?

한국의 연말과 미국의 연말 분위기는 비슷한 것 같아요.
다른 활동도 많지만 따뜻한 집에서 가족이 모두 모여 영화를 보거든요.
매년 연말마다 다 함께 같은 영화를 보기도 해요. 「나 홀로 집에」와 같은 영화 말이에요.
내용을 다 알지만 가족의 전통이니까 여러 번 봐도 지루하지 않아요.
오히려 해마다 더 재미있어지는 것 같아요!

 오늘의 단어 **Movie** [명사] 영화

JANUARY

✦ LOVE *✦*

사랑을 전하는 말

1월

사랑이란 참 놀라워서
해도 해도 모자라고
하면 할수록 더 커져요

**Can we all
sing a song
together too?**
다 같이 노래도 부를 수 있을까요?

Do you want to call grandmother to wish her a happy new year?

할머니에게 안부 인사 드려볼까?

연말에 모두 모여서 얼굴을 볼 수 있으면 좋겠지만,
멀리 있는 가족은 전화로 안부 인사를 대신하게 되는 경우가 있어요.
멀리서 전화로 인사하더라도 따뜻한 마음은 전달할 수 있도록 새해에 만나면
같이 하고 싶은 것에 대해서 이야기해보면 좋겠네요.

오늘의 단어 **Call** [동사] 전화하다

* * *

우리 아이들은 음식을 먹고 자라지만, 사실 아이에게 가장 중요한 주식은 엄마, 아빠의 사랑이에요.

아이에게 엄마, 아빠는 온 세상이자 우주예요.

엄마, 아빠에게 든든하고 무한한 사랑을 받을수록 세상에 대한 믿음이 생기고 자신감이 생기지요.

사랑이란 참 놀라워서 해도 해도 모자라고 하면 할수록 더 커져요.

첫 번째 달에는 엄마와 아빠의 무한한 사랑을 아이에게 표현할 수 있도록 다양한 사랑의 표현을 알아봐요.

미국의 엄마, 아빠가 아이에게 뽀뽀 날리기, 하트 만들기 등으로 애정을 표현할 때 쓰는 다양한 말도 준비했습니다.

그동안 낯간지러워서 사랑을 표현하는 데 조금 서툴렀다면, 이 표현들로 무한한 사랑을 전해보세요. 아이가 정말 좋아할 테니까요!

Can we make snowballs together first?
일단 눈 공을 같이 만들까요?

Let's have a snowball fight!
우리 눈싸움하자!

눈싸움은 거의 모든 아이들이 좋아하는 놀이일 거예요.
눈을 뭉쳐서 던지는 놀이는 정말 짜릿하고 재미있지요.
한국말로 '눈싸움'이라고 하는데 영어로는 '공'을 강조해서 **snowball fight**(눈 공 싸움)라고 해요.
눈싸움을 시작하기 전에 꼭 **'Let's have a snowball fight!'**라고 외쳐보세요!
신나는 놀이가 시작될 거예요.

오늘의 단어 **Fight** [동사] 싸우다

You are too!
엄마, 아빠도요!

You're so precious!

너는 너무 소중해!

아이가 너무 소중해서 자꾸 이 말이 입 밖으로 나와요.
감탄사로 'My precious baby!'라고 말할 수도 있어요.

오늘의 단어 **Precious** [형용사] 소중한

My uncle sent it.
삼촌이 보내주셨어요.

Who sent that postcard to you?

그 카드는 누구한테서 받은 거야?

연말에 크리스마스 선물뿐만 아니라 엽서도 많이 받을 수 있어요.
보통 엽서를 받으면 함께 볼 수 있도록 크리스마스트리나 벽에 붙여놓는답니다.
그 엽서가 어디서 왔는지, 누가 보냈는지에 대해 즐거운 대화를 나눌 수 있어요.
아이가 받은 크리스마스 엽서를 붙여두고 즐거운 대화를 나눠보세요.
이참에 아이에게 엽서를 써주어도 좋지요!

 오늘의 단어 **Send** [동사] 보내다

I'll love you even
more than that!

전 그것보다 엄마, 아빠를
더 많이 사랑할 거예요!

I'll love you forever and ever and ever…

너를 영원히 사랑해. 우주 끝까지…

사랑한다는 말은 해도 해도 부족해요. 무한한 사랑을 표현하기 위해
ever and ever를 계속 반복해서 말할 수 있어요.
농담 같기도 한 이 말이 사랑스러워서 미소를 번지게 해요.

오늘의
단어 **Forever** [형용사] 영원히

I got exactly what I wished for!
소원대로 다 받았어요!

What did you get from Santa?

산타 할아버지에게 뭘 받았니?

아침에 일어나서 크리스마스 스타킹 속을 보니 뭔가 들어 있어요!
과연 그 안에 무엇이 들어 있을까요? 깜짝 선물이 들어 있을까요?
아이가 잔뜩 기대하는 마음으로 선물을 꺼내보도록 해보세요.
기쁨에 찬 아이의 표정을 보며 엄마, 아빠 기분도 덩달아 좋아져요.
신난 아이와 선물에 대해 즐겁게 대화해볼 수 있어요.

오늘의 단어 **Santa** [명사] 산타 할아버지

I feel so lucky.
전 정말 행운아예요.

I'll always be on your side.

엄마, 아빠는 언제나 네 편이야.

평생 내 편이 되어줄 사람이 곁에 있다는 믿음이 있다면
아이는 얼마나 자신 있게 세상을 살아갈 수 있을까요?
'언제나 네 편'이라는 말로 아이에게 무한한 사랑을 표현해봐요.

 오늘의
단어 **Always** [부사] 언제나

Will Santa like my cookies?
제가 만든 쿠키를 산타 할아버지가
좋아하실까요?

Let's leave out some cookies and a cup of milk for Santa.

산타 할아버지를 위해 쿠키와 우유 한 잔을 준비해두자.

오늘 밤, 모두가 잠든 사이에 산타 할아버지가 다녀가실 거예요.
미국 아이들은 잠들기 전에 산타 할아버지를 위해 쿠키와 우유를 식탁 위에 놔둔답니다.
선물을 주러 오셨다가 출출한 배를 채울 수 있도록요.
자고 일어나서 쿠키와 우유를 꼭 확인하죠.
우유와 쿠키가 없어지면 산타 할아버지가 확실히 왔다 갔다는 뜻이니까요!

 오늘의
단어　**Present** [명사] 선물

I always feel safe when I'm with you.
엄마, 아빠랑 같이 있을 때 항상 안심돼요.

I'll never let anything hurt you.

항상 너를 지켜줄게.

여기서 **anything**은 나쁜 일이라는 뜻으로 이해하면 돼요.
그러니까 어떠한 나쁜 일이 일어나도 우리 아이를 다치게 하지 않겠다는 뜻이죠.
특히 연약하고 소중한 아이가 내 품에 안겨 자고 있을 때 이 말을 자꾸 하게 돼요.

오늘의 단어 **Never** [부사] 절대로

I can't wait to open my presents!
선물을 뜯어보고 싶어
기다릴 수가 없어요!

Christmas is only two days away!

이틀만 지나면 크리스마스네!

미국에서는 크리스마스를 위한 특별한 달력이 있어요.
12월 25일까지 숫자가 써 있고, 25일이 올 때까지 매일 한 장씩 넘기면서
부푼 기대감을 함께 즐기는 달력이지요.
이것을 **Advent calendar**라고 하는데요, 어떤 달력은 날짜마다
초콜릿박스가 달려 있어서 매일 하나씩 꺼내 먹을 수도 있답니다.
이제 이틀밖에 남지 않은 크리스마스. 아이들의 마음은 더 설레요.

오늘의
단어   **Away** [부사] 남은

**Hug me,
please!**
안아주세요!

I'll hold you close
to my heart.

따뜻하게 꼭 안아줄게.

안아준다고 하면 **hug**가 바로 떠오를 수 있지만, **hold**도 자주 쓸 수 있어요.
꼭 안고 가만히 있는 느낌을 더 잘 표현할 수 있거든요.
꼭 안고 가만히 있으면 아이에게 따뜻한 온기를 더 가깝게 전해줄 수 있어요.

 오늘의
단어 **Closer** [비교 부사] 더 가까이

Can we sing
Jingle Bells?
징글벨을 불러볼까요?

Let's sing Christmas carols by the Christmas tree.

크리스마스트리 옆에서 캐럴을 부르자.

크리스마스가 다가오면 길거리에서 캐럴을 자주 들을 수 있지만
직접 캐럴을 부르는 것은 비교가 안 될 만큼 신나고 기쁘지요.
다 같이 크리스마스트리를 꾸미고 나서 크리스마스를 축하하는 캐럴을 불러봐요.
진짜 즐거운 분위기를 느낄 수 있게요!

 오늘의
단어 **Carol** [명사] 캐럴

I love you more and more every day!
매일매일 엄마, 아빠를 더 사랑해요!

You get cuter every day!

가면 갈수록 귀여워지네!

아이 얼굴은 매일매일 달라진다는 말이 있어요.
실제로 겪어보니 그 말은 사실이에요!
매일 달라질 뿐만 아니라 매일 더 귀여워지고 사랑스러워지기까지 하네요.
아이가 얼마나 사랑스럽고 귀여운지 표현해봐요.

오늘의
단어

Cuter [비교 형용사] 더 귀여운

This ornament is just for you.

이 크리스마스트리 장식물은 너를 위한 거야.

미국에서는 크리스마스에 선물을 주고받기 전에,
따로 친구나 가족과 크리스마스트리를 꾸미는 장식물을 선물로 주고받기도 해요.
반짝이는 장식물을 쥔 아이의 작은 손이 너무나 귀여워요.
크리스마스트리를 꾸밀 때마다 선물로 받은 장식물을 보면서 추억을 떠올릴 수도 있지요.

It's so shiny!
참 반짝거리네요!

오늘의 단어   **Ornament** [명사] 크리스마스트리 장식물

I hurt myself today.
오늘 다쳤어요.

Did you hurt yourself?

어디 다쳤어?

아이가 다쳐서 울고 있네요.
엉엉 울고 있는 아이에게 다가갈 때 이 표현을 쓸 수 있습니다.
엄마, 아빠가 크게 신경 쓰며 걱정한다는 마음을 전달해요.
Hurt yourself를 자칫 자해한다는 의미로 해석할 수 있지만, 그런 뜻이 아닙니다.
스스로 실수로 다쳤을 때 쓰는 표현이에요.

오늘의 단어 **Yourself** [명사] 너 스스로

Do you think Santa will like my Christmas stocking?

산타 할아버지가
저의 크리스마스 스타킹을
좋아할까요?

Let's hang your Christmas stocking above the fireplace.

크리스마스 스타킹을 벽난로 위에 걸자.

미국에서는 크리스마스가 다가오면 벽난로에 크리스마스 스타킹을 걸어요.
크리스마스 스타킹은 커다란 양말 모양을 하고 있지요.
이 안에 산타클로스가 와서 몰래 선물을 넣고 간대요.
미국에는 아이가 1년 동안 나쁜 짓만 하면 선물 대신 석탄을 넣는다는 이야기가 있답니다.
그래서 아이들은 스타킹 안에서 석탄을 발견하게 될까 봐 걱정해요.
벽난로가 없으면 텔레비전 위에 걸어놔도 괜찮겠죠.

 오늘의 단어 **Fireplace** [명사] 벽난로

JANUARY

LOVE

8

Am I your sunshine?
저는 엄마, 아빠의
햇빛이에요?

Your smile always brightens my day.

네 얼굴만 보면 엄마 마음이 밝아져.

누군가의 미소만으로 마음이 이렇게 환하게 밝아질 수 있는지 몰랐어요.
그래서 「You're my sunshine(너는 내 햇빛)」이라는 노래가 있나 봐요.
아이 얼굴에 띤 작은 미소 덕분에 엄마, 아빠가 얼마나 행복을 느끼는지 표현해요.

오늘의
단어 **Brighten** [동사] 밝히다

The Christmas lights make me so happy!
크리스마스 불빛을 보면 기분이 좋아져요!

Let's go look at Christmas lights together.

크리스마스 불빛을 구경하러 나가자.

미국에서는 크리스마스가 되면 집 밖을 형형색색 전구로 꾸미고, 커다란 장식물로 장식하기도 한답니다. 그래서 저녁이 되면 아이를 차에 태우고 천천히 드라이브하며 동네 구경을 하는 것이 전통이지요. 멋진 크리스마스 불빛과 장식을 보면서 가족끼리 즐거운 시간을 보내요. 한국에서는 큰 크리스마스 장식물이 백화점이나 도시 길거리 곳곳에 있으니까, 함께 보러 가는 것도 좋겠네요!

 오늘의 단어 **Together** [부사] 함께

I like holding your hand.
엄마 손 잡는 거 좋아요.

Give me your hand.
자, 손잡아.

특히 외출할 때 미국 엄마, 아빠가 입버릇처럼 하는 말입니다.
한국어로 직역하면 '손 줘.'가 되니까 좀 재미있네요.
아이와 즐거운 외출 시간을 가질 때 작은 손을 꼭 잡도록 해요.
아이가 이 세상을 안전하게 탐험할 수 있도록요!

오늘의 단어 **Give** [동사] 주다

It feels so nice.
참 따뜻해요.

Come warm your hands up.

이리 와서 손을 따뜻하게 녹이자.

겨울에는 손이 금방 시려워요. 특히 눈놀이를 하고 나면 말이에요.
미국에서는 보통 집집마다 벽난로가 있어서 그 앞에 손을 대어 따뜻하게 데운답니다.
한국에서는 따뜻한 방바닥 위에 깔린 이불 아래 손을 넣지요.
이렇게 따뜻하게 하는 걸 **warm up**이라 표현해요.
음식을 따뜻하게 데울 때도 **warm up** 표현을 사용할 수 있어요.

팁 방바닥에서 나오는 열을 말할 때는 이렇게 말할 수 있어요.
'**The heated floor feels so nice**(바닥이 너무 따뜻해서 좋아요).'

오늘의
단어   **Warm up** [구동사] 따뜻하게 만들다

Pick me up, Daddy.
안아주세요, 아빠.

Do you want me to pick you up?

안아달라고?

아이가 혼자 잘 놀다가 도움이 필요할 때,
두 팔을 뻗으며 안아달라는 신호를 주네요.
엄마, 아빠 품에서 안정감을 느끼고 싶나 봐요.
아이를 안아 올릴 때는 **pick up**을 써서 말해볼 수 있어요.

오늘의
단어   **Pick up** [동사] 들어 올려 안아주다

Look at my snow angel, Daddy!
아빠, 제 눈 천사 보세요!

This is how you make a snow angel.

눈 천사는 이렇게 만드는 거야.

눈이 내리면 눈 천사도 만들 수 있어요. 눈 천사 만들기는 눈사람 만들기보다 훨씬 쉽고,
아직 어린아이들도 재미있게 할 수 있지요.
폭신폭신하게 쌓인 눈밭에 누워서 팔과 다리를 힘차게 펼치고 흔드세요.
멋지게 눈 천사를 만들고 나면 사진 찍는 것을 잊지 마세요.
또 눈이 내리면 금방 사라져 버릴 테니까요.

 오늘의 단어 **Angel** [명사] 천사

When are we going to visit grandpa?
우리 할아버지 집에
언제 가요?

Do you miss your grandpa?

할아버지 보고 싶어?

엄마, 아빠와 나누는 교감만큼,
조부모님과 쌓는 유대관계가 아이 정서에 굉장히 좋대요.
물론 **grandfather, grandmother** 표현을 쓸 수 있어요.
더 짧게 말해서 **Papa, Nana**라고 할 수도 있답니다.

 오늘의
단어 **Grandpa** [명사] 할배 (할아버지를 짧게 부르는 말)

Nice hat! Can you take our picture?

모자 멋있네요! 사진 좀 찍어주실 수 있어요?

I found a winter hat for the snowman.

눈사람이 쓸 수 있는 겨울 모자를 찾았어.

눈사람은 추우니까 옷도 필요하겠죠?
털모자, 스카프, 그리고 외투까지 입혀주는 아이도 있어요.
사람처럼 입히는 것도 아이에게 즐거운 놀이가 되지요.
눈사람에게 옷을 입힌 다음 이름까지 지어주면 마치 새로운 친구가 생긴 것 같아요.
눈사람을 신나게 꾸미고 나서 자랑스러워하는 아이의 표정을 사진에 꼭 담아주세요.

오늘의 단어 **Hat** [명사] 모자

Who's here?
누가 왔어요?

Grandma is here to see you!

할머니가 널 보러 왔네!

할머니와 할아버지의 방문은 언제나 아이를 행복하게 하지요.
사랑하는 사람이 주위에 많아질수록, 아이의 행복감은 더 올라갑니다.
이런 경우 방문했다고 말할 때 **come, visit** 말고 **here**를 쓰면
더 자연스럽게 표현할 수 있어요.

오늘의 단어

Here [부사] 오다
('여기'라는 뜻도 있지만 '도착하다·오다'라는 뜻도 있습니다)

I think you built it! It looks like you!
엄마가 만드신 것 같아요! 엄마 닮았으니까!

Who do you think built this snowman?

이 눈사람을 누가 만들었을까?

첫눈이 온 다음 날에는 꼭 눈사람을 발견할 수 있어요.
부지런한 아이들이 나와서 벌써 눈사람을 만들었나 보네요.
눈사람을 '만들다'를 영어로 말할 때는 **make** 대신에 **build**를 써요.
보통 큰 눈 뭉치 3개로 눈사람의 몸을 만든 다음에
단추, 당근, 나뭇가지 등으로 눈, 코, 팔을 만들지요.

오늘의 단어 **Snowman** [명사] 눈사람

Is that for me?
저를 위한 거예요?

I've got something special for you!

너를 위한 깜짝선물이 있단다!

아이가 좋아할 만한 물건이나 선물을 샀을 때 쓸 수 있는 표현이에요.
여기서 **special**은 소중하다는 뜻이에요.
꼭 특별하고 독특한 것만을 의미하지는 않는답니다.
누군가에게 소중한 존재가 된 기분을 느낄 때 영어로는 **'I feel special.'**이라고도 하지요.

 오늘의 단어 **Special** [형용사] 특별한

I want a doll house for Christmas.

크리스마스 선물로
인형 집을 갖고 싶어요.

What do you want for Christmas?

크리스마스 선물로 무엇을 받고 싶어?

크리스마스가 다가올수록 어떤 선물을 받고 싶은지 대화를 하게 되어요.
그래서 'What do you want for Christmas?'라는 질문을 하루에도 여러 번 하게 되지요.
아이의 대답을 귀담아들었다가, 나중에 백화점이나 마트에 가면
크리스마스에 줄 아이 선물을 제대로 고를 수 있겠죠?

오늘의
단어
Christmas [명사] 크리스마스

I don't want to get out of bed yet!
일어나기 싫은데요!

Rise and shine!

일어나렴!

아침 해가 떠올라 밝게 빛나는 모습을 담은 미국식 표현이에요.
그동안 아침 인사로 'Good morning'만 반복해온 것이 이제 지겹다면
우리 아이에게 새로운 아침 인사를 건네볼 수 있어요.
밤새 아이를 따뜻하게 지켜준 이불을 걷어 내며 밝게 인사해보세요!

오늘의 단어 **Shine** [동사] 빛나다

I've never had it before.
한 번도 안 마셔봤어요.

Do you know what apple cider tastes like?

사과 사이다의 맛이 어떤지 알아?

미국 슈퍼마켓에서는 12월이 되면 성탄절용 음료수인 애플 사이다(**apple cider**)를 판답니다. 여과되지 않은 사과즙인데 차갑게 마실 수 있지만, 겨울에는 따뜻하게 데워 차처럼 마시기도 해요. 한국에서 배즙을 따뜻하게 마시는 것처럼요. 어떤 사람들은 시나몬 스틱을 꼭 추가해서 먹어야 한다고 생각해요. 아이와 함께 사과 주스를 살짝 데워서 계피를 넣어 먹으면 비슷한 분위기를 낼 수 있겠지요.

 오늘의 단어 **Apple** [명사] 사과

Only for you, Mommy·Daddy!
오직 엄마, 아빠만을 위해서요!

Can you make a heart with your arms like this?

팔로 하트를 그려볼 수 있니?

몸으로 하트를 그리면서 사랑을 표현해봐요.
두 팔로 큰 하트를 그릴 수도 있고, 손가락으로 귀여운 하트를 그릴 수도 있지요.
특히 팔이 짧은 아이가 하트를 만들려고 바둥거리는 모습을 보면 참 귀여워요.
사실 미국에서는 흔하지 않은 애정 표현이기는 한데,
뭐 어때요. 즐겁고 행복하면 됐죠!

오늘의 단어 **Make** [동사] 만들다

I'm still learning.
아직 배우고 있어요.

Do you know how to ice skate?

아이스스케이트 탈 줄 알아?

미국에서는 12월이 되면 시내 중심가에 큰 크리스마스트리가 세워지고,
가끔은 아이스링크장도 설치가 돼요. 그곳에 가면 크리스마스 캐럴을 들으면서
즐겁게 아이스스케이트를 타는 아이들을 볼 수 있지요.
아이스스케이트를 타며 빙판 위를 활보해보는 건 어떨까요?
짜릿한 추억을 만들 수 있을 거예요.

 오늘의 단어 **Ice Skate** [동사] 아이스스케이트를 타다

**I had a dream
about you!**
엄마, 아빠 꿈을 꾸었어요!

Did you get a good night's sleep?

푹 잤어?

직역해서 'Did you sleep well?'이라고 말해볼 수 있지만, 이 표현에는
더 푹 잤다는 뉘앙스가 살아 있어요. 아이가 간밤에 푹 자는 것만큼 기쁜 일이 있을까요?
잘 잤다는 것은 아이가 기분 좋은 하루를 시작할 거라는 뜻이잖아요!
초보 부모에게는 푹 자는 것이 거의 환상에 가깝지만요.

오늘의
단어
Sleep [동사] 잠자다

Yes, I'll make some for you too.

네. 엄마 것도 만들어 드릴게요.

Are these sugar cookies for Daddy?

이 슈거 쿠키는 아빠를 위한 거야?

집에서 열심히 굽고 꾸민 쿠키는, 가족이나 친구들을 위해서 작은 선물로 포장하기도 해요.
아직 손이 서툴러도 아이가 직접 쿠키를 꾸미고 포장할 수 있도록 해보세요.
직접 만든 쿠키를 선물로 건네면 아주 큰 성취감을 느끼게 될 테니까요.
'＿＿를 위한 쿠키다.'라고 표현할 때 'These cookies are for ＿＿.'라고 할 수 있어요.

 오늘의 단어   **Daddy** [명사] 아빠

Can I sleep in your bed tonight?
엄마, 아빠 침대에서 같이 자도 돼요?

Did you have a nightmare?

무서운 꿈을 꾸었니?

아이가 무서운 꿈을 꾸는 건 자연스러운 일이래요.
한국에서는 엄마, 아빠와 아이가 같이 자는 것이 흔하지만 미국에서는 어릴 때부터
분리 수면을 해서, 아이가 악몽을 꾸다가 혼자 침대에서 깨는 경우가 많아요.
새벽에 몰래 엄마, 아빠 침대에 가기도 하지요.
악몽을 꾸는 바람에 울면서 깬 아이를 안아주며 이렇게 말해보세요.

 오늘의 단어 **Nightmare** [명사] 악몽

**Of course!
Can I lick the bowl?**

물론이죠! 그릇에 남은 반죽을
먹어도 돼요?

Do you want to learn how to bake cookies with Mommy?

엄마랑 같이 쿠키를 굽는 방법을 배울래?

추운 겨울에는 따뜻한 집 안에서 시간을 많이 보내게 돼요.
그래서 미국에서는 자연스럽게 집에서 빵이나 과자를 굽고는 한답니다.
엄마, 아빠와 같이 밀가루 반죽으로 동그란 쿠키를 만든 다음 오븐에 넣어요.
오븐에 넣는 것은 위험하지만, 아이들은 반죽으로 쿠키를 빚으며 창의성을 뽐내보기도 하지요.

 오늘의 단어 **Bake** [동사] 굽다

**Stay with me,
Mommy·Daddy.**
계속 옆에 있어주세요.

Mommy is right here.

안심해도 돼.

아이가 꽈당 넘어지거나 다쳐서 울 때, 혹은 정서적으로 불안해할 때
모두 유용하게 쓸 수 있는 표현이에요.
엄마가 바로 가까이에서 아이를 위로해준다는 느낌이 살아 있는 표현이지요.
아이 등을 다독이면서 이렇게 말해보세요.
아빠가 말한다면 **'Daddy is right here.'**라고 할 수 있겠지요.

오늘의
단어

Right [부사] 바로
('오른쪽'이라는 뜻도 있지만 '바로'라는 뜻도 있습니다)

You should send a holiday postcard to your friends.

친구들에게 명절 우편엽서를 보내주면 좋을 것 같아.

미국에는 크리스마스나 새해가 다가오면 먼 가족이나 친구에게
명절 우편엽서(**holiday postcard**)를 써 보내는 문화가 있어요.
도착하기까지 보통 2주가 걸리기 때문에, 2주 전에 써서 보내곤 하지요.
우편엽서에 인사말을 쓰고 긍정적이고 사랑스러운 말을 많이 쓰려고 해요.
우편엽서를 고르거나 꾸미는 것도 아이에게는 즐거운 활동이 될 거예요.

**I want to make my own postcard
to send to friends.**

저는 친구들에게 보낼 우편엽서를 직접 만들고 싶어요.

 오늘의 단어 **Postcard** [명사] 우편엽서

JANUARY
· LOVE ·

I'll be careful.
조심할게요.

Daddy doesn't want you to get hurt.

네가 다칠까 봐 걱정돼.

아이의 활동량이 늘어나면 모든 행동에 위험이 도사리게 돼요.
아이가 더 넓은 세상을 탐험하게 되는 것은 부모로서 정말 기쁜 일이지만,
다칠까 봐 걱정이 되기도 하지요.
아이가 지칫 위험한 행동을 하려고 할 때, 부모가 제지하는 일이 빈번하잖아요?
이럴 때 너를 사랑하기 때문에 제지한다는 표현을 많이 해주려고 해요.

 Want [동사] 원하다

I decorated it with candy canes and icing.
캔디 케인과 아이싱으로 꾸몄죠.

What kind of candy did you decorate your gingerbread house with?

진저브레드 집을 어떤 사탕으로 장식했니?

아이가 진저브레드 집을 멋지게 완성했네요!
반짝이는 아이 눈을 보니까 칭찬을 기다리는 것 같아요. 멋지다고 칭찬을 해주고,
어떻게 꾸몄는지 아이가 자랑스럽게 설명할 수 있는 시간을 주도록 해요.
아마 시간 가는 줄 모르고 설명하며 자랑할 거예요.
내년에는 더 멋지게 꾸며서 엄마, 아빠를 놀라게 해주고 싶다는 생각을 하겠죠.

팁 Candy cane: 붉은색과 흰색으로 만들어진 지팡이 모양 사탕.

오늘의 단어 **Decorate** [동사] 꾸미다

**I want to
make you proud!**
아빠를 자랑스럽게 할게요!

That's my girl·boy!

역시 우리 딸·아들!

자랑스러운 행동을 할 때, 뭔가를 잘할 때 쓸 수 있는 말이에요.
아이가 처음으로 기거나 걷기 시작할 때 이 말을 굉장히 많이 했어요.
부모가 뿌듯해하면 그 감정이 아이에게도 쉽게 전해지는 것 같아요.
그리고 아이에게 큰 힘이 되어주지요.

오늘의
단어
That [한정사] 저기 (사람에 대해서 말할 때는 영어로 that's
표현을 자주 씁니다)

**My brother
helped me build it.**
오빠가 도와줬어요.

Did you build that gingerbread house?

네가 그 진저브레드 집을 만들었니?

미국 아이들은 크리스마스 때 진저브레드로 과자집을 만들곤 해요.
오븐으로 구운 진저브레드로 만들거나 슈퍼에서 키트를 사서 만들기도 하지요.
아이싱으로 창문과 문을 그리고, 사탕과 초콜릿으로 꾸미는 건 아이들에게 큰 재미랍니다.
요즘에는 한국에서도 과자집 키트를 많이 찾아볼 수 있어요.
오늘은 아이와 함께 과자집을 만들어 보는 건 어떨까요?

 오늘의 단어   **House** [명사] 집

**This is for you,
Daddy.**
여기 있어요, 아빠.

Let your daddy try some.

아빠도 한 입 주라.

아이가 작은 손으로 맛있는 과자를 쥔 모습이 너무도 사랑스러워요.
입을 크게 벌리고 가까이 다가가면 과자를 뺏길까 봐 두려워하는 눈빛도 정말 사랑스럽지요.
이 표현은 과자를 먹는 아이와 교감할 때 자주 쓸 수 있어요.
핵심은 말하는 사람을 3인칭으로 표현하는 것입니다.
'Let me try some(나도 먹게 해줘).'이라고 말하는 것보다 조금 더 귀여운 느낌이 들어요.

오늘의
단어 **Try** [동사] 먹어보다

**Can we have
Grandmother's stew?**
할머니의 겨울 스튜를 먹어도 돼요?

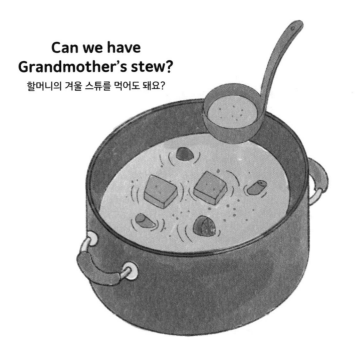

What kind of winter stew do you want for dinner?

저녁으로 어떤 겨울 스튜를 먹을까?

미국에서는 한국만큼 국물 음식을 많이 먹지 않아요.
그래도 추운 겨울 날씨에는 국물 요리인 따끈따끈한 스튜를 먹지요.
특히 할머니 집에서 겨울 스튜(winter stew)를 자주 먹을 수 있답니다.
기본 재료는 감자, 당근, 양파, 고기예요. 꼭 미국식 스튜를 끓이지 않더라도
따뜻한 찜닭 요리나 된장국만으로도 분위기를 낼 수 있어요.

  Stew [명사] 스튜

**Can I have
the bigger piece?**
제가 더 큰 조각을 가져도 돼요?

How about we split this?

엄마랑 반반씩 나눌까?

반반씩 나누자는 표현을 영어로는 이렇게 말해볼 수 있어요.
Split는 정확히 반으로 나눈다는 뜻이거든요.
물론 아이가 맛있는 과자를 절반이나 떼어줄 수 있을지는 모르겠지만요.

오늘의
단어 **Split** [동사] 반으로 쪼개다

Yes! Of course!
네! 당연하죠!

Would you like some marshmallows in your hot chocolate?

핫초코에 마시멜로를 추가해줄까?

핫초코는 추운 겨울에 먹으면 더 맛있어요.
신나게 놀다 돌아온 아이에게 김이 모락모락 나는 핫초코를 주면 얼마나 좋아할까요?
마시멜로까지 동동 띄워주면 정말 근사해 보이겠죠?
다른 사람을 위해 준비한 음식이나 음료수에 뭔가를 추가해줄까 물어볼 때는
'Would you like <u>추가할 음식</u> in your <u>준비한 음식</u>?'이라고 할 수 있습니다.

 오늘의 단어   **Chocolate** [명사] 초콜릿

Don't make fun of me!
놀리지 마세요!

Look at your little tummy!

통통한 배 좀 봐!

아이의 통통한 배보다 귀여운 것은 없을 거예요.
한국어로는 통통하게 살찐 느낌을 긍정적이고 사랑스럽게 표현할 수 있는데,
아쉽게도 영어로는 그러기 어렵습니다.
다소 부정적인 느낌이 들기 때문에, **fat**과 같은 느낌은 최대한 피하려고 해요.
그래도 걱정하지 마세요. **Little tummy**만으로 충분히 귀여운 느낌을 살릴 수 있으니까요.

 오늘의 단어   **Tummy** [명사] 배 (배를 친근하게 일컫는 말)

Could you please zip up my zipper?
제 지퍼를 올려주실 수 있어요?

You better dress warm before going outside.

나가기 전에 꼭 따뜻하게 입어야 돼.

추운 겨울이 오면 아이가 감기에 걸릴까 봐 **dress warm**이라는 표현을 자주 쓰게 돼요.
따뜻하게 입는 걸 **dress warm**이라고 하는데요,
아마 **dress** 때문에 파티에 입고 갈 법한 화려한 '드레스'를 떠올릴 수 있겠지만,
여기서 **dress**는 '옷을 입다'라는 뜻이에요.

오늘의 단어   **Outside** [부사] 밖으로

You always make me giggle.
엄마, 아빠랑 있으면
웃음이 나와요.

You have the cutest giggle.

네 웃음소리는 세상에서 제일 귀여워.

웃음소리를 **laughing sound**라고 직역하지 마세요. 다소 어색하거든요.
꼭 **laugh**를 사용해서 말하고 싶다면 '**I like your laugh.**'라고 말할 수 있어요.
이 문장에서 **giggle**은 '헤헤', '꺄르르'와 같은 아이들의
귀여운 웃음소리를 잘 표현하고 있답니다.

오늘의 단어 **Giggle** [명사] 웃음, [동사] 웃다 (명사, 동사 둘 다 가능)

They're a gift from my grandfather.
할아버지에게 받은 선물이에요.

Where did you get your snow boots? I like them.

겨울 부츠를 어디서 구했어? 참 예쁘다.

날씨가 추워지고 눈이 내리면 꼭 따뜻한 부츠를 신겨줘야 해요.
아니면 작고 소중한 발이 시릴 수 있으니까요.
따뜻한 겨울 부츠를 신고 눈을 밟는 우리 아이 모습이 참 귀여워요.
친구들과 신발을 주제로 대화를 나눠볼 수 있도록
'Where did you get your snow boots?' 하고 대화해보세요.

오늘의 단어 **Boot** [명사] 부츠

You!
바로 엄마, 아빠요!

Who do you love the most in the whole wide world?

세상에서 누구를 제일 사랑해?

아이에게 직접적으로 사랑한다고 말할 수 있겠지만,
아이 입에서 먼저 '사랑해요.'라는 말이 나오길 기다리며 쓰는 표현입니다.
물론 엄마와 아빠 대신 유치원에서 생긴
새로운 남자 친구나 여자 친구 이름을 말하면 서운할 테지만요.

오늘의
단어   **Whole** [형용사] 모든, 전체의

**Can we knit
a winter hat next?**
다음에는 털모자를
같이 뜰 수 있을까요?

Let's knit a scarf together!

목도리를 같이 뜨자!

겨울이 되면 백화점이나 시장에 가서 목도리를 직접 살 수 있지만,
가족이나 친구들과 함께 떠보는 것도 참 재미있답니다.
색이 알록달록한 실을 고르는 재미도 빠뜨릴 수 없지요.
귀여운 곰돌이 얼굴이나 꽃 모양을 떠보는 것도 즐겁겠어요!
'뜨다'는 **knit**라고 하는데요, 이때 **k**는 무시하고 **n**만 발음해야 합니다.

| 오늘의
단어 | **Scarf** [명사] 목도리 |

**Why are
my cheeks red?**

제 뺨이 왜 빨갛죠?

Look at your rosy cheeks!

네 빨간 볼 좀 봐!

아이들은 푹 자고 나면 양 볼이 빨개지고는 해요.
마치 볼에 붉게 화장을 한 듯 빨갛게 달아오른 얼굴이 꼭 복숭아 같지요.
영어로는 빨간 볼을 '장미꽃 물이 든 것처럼 보인다.'라고 해서 **rosy cheeks**라고 합니다.
물론 볼에 코를 대고 냄새를 맡으면, 장미꽃잎보다
훨씬 더 부드럽고 향기롭지만요.

오늘의
단어   **Cheeks** [명사] 뺨

Did your grandmother make those fur gloves for you?

할머니께서 만들어주신 털장갑이니?

**Yes!
And they fit
my hands perfectly!**
네! 그리고
제 손에 딱 맞아요!

한국 할머니들도 미국 할머니들도 마음이 참 따뜻하고 포근해요.
연말이 가까워지면 장갑이나 목도리를 짜서 선물하기도 하지요.
아이에게 폭신폭신한 장갑이나 목도리나 털모자를 선물하고 그것에 대해 즐거운
대화를 나눠보아요. **grandmother** 대신에 선물한 사람의 이름을 넣어 말해볼 수 있어요.

 오늘의
단어 **Fur gloves** [명사] 털장갑

**Do you want me
to kiss you
on the cheek?**

볼에 뽀뽀해줄까?

Where is my kiss?

뽀뽀해줄까?

직역하면 '내 뽀뽀 어디 있지?'라고 해석할 수 있겠네요.
그런데 뽀뽀해줄까 묻는 애교스러운 표현입니다.
한국말로 키스라고 하면 연인끼리 하는 입맞춤을 의미하지만,
영어로는 뽀뽀도 해당합니다. 영어로 키스의 범위는
가족끼리의 사랑스러운 뽀뽀부터 연인 사이의 키스까지 범위가 훨씬 넓어요.

| 오늘의
단어 | **Kiss** [명사] **뽀뽀** (영어로 키스는 기본적으로 '뽀뽀'라는 뜻입니다) |

***

한 해를 마무리하는 12월은 가족과 친구들과 즐거운 시간을 보내는 소중한 달이지요.

크리스마스를 기다리며 아이와 재미있는 경험을 하고, 다양한 활동을 해볼 수 있는 달이기도 해요.

집 밖으로 나가 스케이트를 탈 수도 있고, 집에서 아기자기한 크리스마스트리를 함께 꾸밀 수도 있어요.

아이와 맛있는 쿠키를 같이 구우며 소중한 추억을 만들 수도 있고요.

특히 크리스마스이브에 산타클로스 할아버지를 위한 간식을 준비하며 엄마, 아빠와 키득거리던 기억은

아이의 머릿속에 잊지 못할 즐거운 추억으로 남을 거예요.

재미난 활동을 하며 자연스럽게 이야기해볼 수 있도록, 따뜻하고 즐거운 연말용 표현을 준비해봤어요.

이번 달 표현을 빌려 아이와 즐거운 활동을 더 많이 하고 오래 기억하게 될 소중한 추억을 만들 수 있기를 바랄게요.

I want to be just like my father!
아빠랑 똑같이 되고 싶어요!

You laugh just like your father. You're a chip off the old block!

아빠랑 똑같이 웃네. 아빠랑 꼭 닮았어.

직역하면 좀 황당하게 보이는 문장이네요. 그런데 한국말로 부모와 아이가
너무 닮았을 때 '붕어빵'을 써서 표현하는 것처럼, 영어로는 '목재'를 써서 말한답니다.
목재에서 떨어져 나온 조각에 아이를 비유해서 쓰는 말이죠.
주로 아빠를 닮은 경우에 많이 쓰는 표현이랍니다.

 오늘의 단어 **Laugh** [동사] 웃다

DECEMBER

* TENDER HEART *

즐거운 시간을 함께 나누어요

12월

사랑하는
　가족과 친구와
마음 따뜻한
　추억을 만들어요

Here's my kiss!
Muah!
제 뽀뽀가 여기 있어요!
쪽!

Can you blow your daddy a kiss?

아빠한테 뽀뽀 날려줄래?

아이에게 손으로 뽀뽀를 날리는 방법을 알려줘 보세요.
뽀뽀를 날리는 앵두 같은 입술과 깜찍한 표정, 작은 손이 너무나 사랑스러워요.
핑크빛 하트가 아이의 손에서부터 시작해 엄마와 아빠에게로
널리널리 퍼져나가는 모습이 눈에 보이는 것만 같지요.

 **Blow** [동사] 불다

오늘의
단어

Let's shine a flashlight at that star to find out.

찾을 수 있도록 저 별 쪽으로 손전등 불빛을 비춰요.

Can aliens see your flashlight?

외계인이 손전등 불빛을 볼 수 있을까?

밤하늘을 보다가 하늘을 향해 손전등을 비춰본 적이 있나요?
이론적으로 빛은 장애물만 없으면 우주로 영원히 나아가잖아요.
하늘로 쏜 손전등 불빛을 외계인들도 볼 수 있을까요?
아니면 반짝이는 별은 다른 별에서 누군가 비춘 손전등 불빛인 걸까요?
손전등을 깜빡깜빡 껐다 켰다 하면 외계인과 대화를 할 수 있을 것만 같아요.

오늘의 단어

Alien [명사] 외계인

**I have such
a lovely family.**
우리 가족은 참 사랑스러워요.

Family love is forever.

우리 가족의 사랑은 영원할 거야.

미국은 개인주의 성향이 짙은 나라지만,
동시에 가족 중심적인 성향이 강한 나라이기도 해요.
그래서 가족 모두를 사랑한다는 표현도 많이 한답니다.
아이가 따뜻하고 안정적인 가족의 품 안에서 더 큰 사랑을 느낄 수 있도록,
가족을 향한 사랑을 마음껏 표현해보세요!

 **Family** [명사] 가족

Do butterflies smell like butter?

나비한테는 버터 냄새가 날까?

나비는 영어로 버터플라이(**butterfly**)라고 하는데 버터와 무슨 상관이 있는 걸까요? 혹시 나비는 버터로 만들어진 걸까요? 알록달록 나비는 종류도 다양하고 빛깔도 다양해서 저마다 다른 향기를 품고 있을 것만 같아요. 나비를 잡아서 직접 냄새를 맡아볼 수는 없지만 마음껏 상상해볼 수는 있지요.

I think they smell like flowers.
나비한테서 꽃향기가 날 것 같아요.

오늘의 단어

Butter [명사] 버터

You mean the world to me, too.
엄마, 아빠도 제 전부예요.

You mean the world to me, sweetie.

넌 나의 전부란다.

얼마나 사랑하는지 표현할 때 쓰는 문장은 최대한 많이 알고 있을수록 좋아요.
아무리 말해도 항상 부족하기 때문에 새로운 표현이 필요하지요.
물론 새로운 표현을 써도 부족하기는 마찬가지지만요.
한국말로 '전부'라는 표현을 영어로는 **the world**를 사용해서 말할 수 있어요.

 오늘의 단어 **Sweetie** [명사] 귀요미

**Kiss it so
we can find out.**
알아낼 수 있게
엄마, 아빠가 뽀뽀해보세요.

Will a frog turn into a prince if you kiss it?

개구리에게 뽀뽀하면 왕자가 될까?

아이와 함께 동화책을 읽다 보면 평소에 하지 않는 생각을 많이 하게 돼요.
말하는 개구리, 마차로 변하는 호박, 높은 성보다 길게 자라는 머리카락.
신비로운 이야기가 아이의 상상력을 자극해요.
동화책 읽기는 낯선 세계로 떠나는 신나는 모험 같아요.
동화 이야기로 아이에게 질문하면 상상하지도 못했던 대답을 들을지도 몰라요.

오늘의
단어 **Prince** [명사] 왕자

FEBRUARY
✦ BODY ✦
영어로 몸을 표현해요

2월

이 세상 모든 것이
새롭고 낯설지만
신기한 내 몸이
가장 먼저 궁금해요

What do birds sing about?

새들은 무슨 노래를 할까?

아이들은 생각보다 청력이 아주 좋아요.
함께 밖으로 나가면 늘 주변 소리를 열심히 들으면서 분석하죠.
노래처럼 들리는 새소리, 자동차가 빵빵거리는 소리, 강아지가 멍멍 짖는 소리.
세상은 재미난 소리로 가득해요.
새는 어떤 노래를 부르는 중일까요?
하늘을 날며 바라본 넓은 세상에 대해 아이에게 들려주는 걸까요?

Maybe they sing about flying.

아마 하늘을 날아다니는 것에 대해
노래할 것 같아요.

오늘의 단어

Sing [동사] 노래하다

***

아이의 눈에는 이 세상 모든 것이 새롭고 낯설지요. 그런데 아이에게는 자신의 신체마저도 참 신기한 대상이랍니다.
손가락은 꼬물거리고, 배에서는 꾸르륵 소리가 나고, 두 뺨은 나도 모르게 붉어지기도 하지요!
저희 아이 체리가 처음으로 자신의 손가락을 발견했을 때 하루 종일 자신의 손가락을 쳐다보고 놀라워하며 시간을 보냈던 날을 기억해요.
처음으로 아이의 작은 잇몸에서 하얀 이가 고개를 내밀었던 날, 하얀 이를 보여주며 몸에서 무슨 일이 일어나는지 설명해주던 날도 기억합니다.

아이의 몸에서 일어나는 놀랍고 귀여운 순간을 놓치지 말고 교감할 수 있는 주제로 사용해보면 어떨까요?
이번 달에는 아이들이 스스로 신체를 조금씩 알아가고 엄마, 아빠와 교감할 수 있는 표현을 준비해봤어요.
아이가 자신의 몸을 발견할 때, 그리고 아이의 몸을 돌볼 때 자연스럽게 쓸 수 있는 표현으로 구성했기 때문에
이 표현을 듣는 아이들은 자신의 신체 부위의 명칭을 영어로도 자연스럽게 알아갈 수 있을 거예요.

I don't think so.
아닌 것 같아요.

Are fireflies made of fire?

반딧불은 불로 만들어졌을까?

반딧불은 영어로 **firefly**라고 해요. 말 그대로 '불파리'라고 하지요.
어둠 속에서 깜빡깜빡 빛나는 반딧불은 어른, 아이 할 것 없이 넋을 잃고 바라보게 해요.
그나저나 왜 영어로 불파리라고 할까요? 불로 만들어져서 그런 걸까요?
아이가 반딧불을 관찰하며 재미있는 상상을 해볼 수 있도록 질문을 던져봐요.

오늘의 단어 **Firefly** [명사] 반딧불이

I can see you!
엄마가 보여요!

Peek-a-boo!

까꿍!

'Peek-a-boo!'라고 이야기해보세요. 사물이 눈앞에 보이지 않는다고 해도
없어진 것은 아님을 알기 시작할 때, 아이들이 가장 즐기는 놀이 중 하나지요.
아이 앞에서 얼굴을 가렸다가 보여주며 엄마나 아빠를 찾아내고 까르르 웃는 아이에게
'**I see you**(너 보인다)!'라고 말할 수도 있어요.

오늘의
단어 **Peek** [동사] 훔쳐보다

**Of course
they like being
hugged.**
당연히 포옹을 좋아하죠.

Do trees like being hugged?

나무들은 포옹을 좋아할까?

나무는 생명체지만 동물처럼 눈, 코, 입은 없어요.
그래서 나무가 행복한지 슬픈지 표정으로 알기가 어려워요.
그래도 따뜻한 포옹은 좋아하지 않을까요?
나무 곁으로 다가가 아이와 포옹하며 놀아보세요.
커다란 나무를 안으며 좋아하는 아이의 행복한 표정을 볼 수 있을 거예요.

오늘의 단어 **Like** [동사] 좋아하다

My fingernails aren't sharp now.

이제 손톱이 날카롭지 않네요.

Let's cut your fingernails.

손톱 정리하자.

아이들의 피부는 아주 부드럽지만 반대로 손톱은 아주 날카로워요.
이것 때문에 손톱을 자주 깎아줘야 하지요.
하지만 어떤 아이들은 이 과정을 몹시 싫어할 수도 있어요.
아이의 손톱을 자르기 전에 최대한 부드럽고 사랑스러운 목소리로
'Let's cut your fingernails.'라고 해보세요.

 **Fingernails** [명사] 손톱

Does the Sun go to sleep at night?

태양은 밤에 잠을 잘까?

하루가 저물어가면 태양이 점점 사라지고 어둠이 찾아와요.
태양은 어디로 가는 걸까요? 우리처럼 잠을 자러 가는 걸까요?
달에게 자리를 비켜준 뒤 집으로 편히 쉬러 가는 걸까요?
재미있는 상상을 할 수 있도록 아이에게
'Does the Sun go to sleep at night?' 하고 물어보세요.
즐거운 상상을 하느라 반짝이는 아이의 눈빛을 보게 될지 몰라요.

Yes. The Sun needs to sleep too.
태양도 잠을 자야죠.

오늘의 단어 **Night** [명사] 밤

I'm pointing at
that bird!
그 새를 가리키고 있어요!

What are you
pointing at?

손가락으로 뭘 가리키는 거야?

아이는 궁금한 것이 있을 때 검지손가락을 들어서 이곳저곳을 가리키기 시작해요.
하나씩 뜯어보고 살펴보고 탐구하고 싶은 마음이 들어서 그런가 봐요.
아이가 무언가를 가리킬 때, 뭘 가리키는지 물어보며 이 문장을 사용해보세요.
Point는 점이라는 뜻이 있지만 '가리키다'라는 뜻도 있어요.

오늘의
단어   **Point** [동사] 가리키다

What do unicorn farts smell like?

유니콘 방귀에서는 어떤 냄새가 날까?

아름다운 유니콘도 방귀를 뀔까요? 유니콘 방귀 소리는 어떨까요?
방귀에서는 어떤 냄새가 날까요? 꽃향기랑 비슷할까요?
아니면 강아지 방귀 냄새랑 비슷할까요? 아이들은 방귀 이야기를 좋아해요.
상상 속 동물의 방귀라면 이야깃거리가 더 많아지겠죠?
엄마, 아빠가 입으로 방귀 소리를 흉내 내며 대화하면 더 즐거워할 거예요.

**Maybe unicorn farts
smell like candy.**
왠지 사탕 냄새가 날 것 같아요.

오늘의
단어 **Unicorn** [명사] 유니콘

**I'll never break
our promise!**
우리 약속을 절대로
어기지 않을게!

Make a pinky promise
with me !

새끼손가락 걸고 엄마랑 약속해!

새끼손가락을 영어로 **pinky**라고 해요. 새끼손가락 걸고 하는 약속을 영어로는
pinky promise라고 합니다. 아이의 작은 손가락에
엄마, 아빠의 손가락을 걸며 약속이란 무엇인지 설명해주세요.
"밥 맛있게 다 먹고 나면, 네가 좋아하는 쿠키 하나 줄게. 손가락 걸고 엄마랑 약속하자!"

 오늘의
단어 **Promise** [명사] 약속

Does the wind blow when someone sneezes?

바람은 누군가의 재채기일까?

바람은 어디에서 불어오는 걸까요?
혹시 거인이 크게 내뿜은 재채기는 아닐까요? 바람이 불어오거든 아이에게
'Does the wind blow when someone sneeze?' 하고 물어보세요.
바람에 흩날리는 머리카락을 서로 바라보며 깔깔대면서
재미있는 대화를 많이 나눌 수 있을 거예요.

Maybe the wind blows when a giant sneezes.
아마 큰 거인이 재채기를 했나 봐요.

 오늘의 단어   **Sneeze** [동사] 재채기하다

Like this!
이렇게!

Can you make
the same face that
your daddy's making?

아빠 표정 따라 해볼 수 있어?

아이들은 엄마, 아빠의 표정을 관찰하고 배우고 심지어 똑같이 따라 하기도 해요.
새로운 표정을 하나씩 배워가는 아이들과 표정 흉내 내기 놀이를 해보세요.
Make a face는 '표정을 짓는다'라는 뜻입니다. 웃긴 표정을 지을 때는
make a funny face, 슬픈 표정을 지을 때는 **make a sad face**라고 하지요.
여러 가지 감정으로 표현을 응용해보세요!

오늘의
단어
Face [명사] 표정

Let's look for one to find out.
확인할 수 있게 찾아볼래요.

Will a four-leaf clover give you good luck?

네잎클로버는 행운을 가져다줄까?

공원에 가서 아이와 잔디 위를 걸으며 클로버를 찾아보아요.
운이 좋으면 네잎클로버를 찾을 수도 있겠네요.
향긋한 풀잎 냄새를 맡으며 네잎클로버를 찾다 보면 땀도 나지만 추억도 쌓이지요.
네잎클로버는 행운을 가져다준다는 말이 있는데 사실일까요?
네잎클로버 찾기 놀이를 하며 아이에게 질문해보세요.

오늘의 단어　**Luck** [명사] 운

Aah!
아!

Say, "Aah"!

"아" 해보자!

매일 잠자러 가기 전에 이를 닦을 때, 맛있는 음식을 입에 쏙 넣어줄 때,
치과에서 입을 크게 벌리라고 말할 때 모두 유용하게 쓸 수 있는 간단한 표현입니다.
한국어 표현과 똑같아요. 그냥 **Say, "Aah"!**라고 해보세요!

오늘의
단어 **Say** [동사] ~라고 말하다

The mermaid is right here!
인어공주가 바로 여기 있지요!

Can you find a mermaid at the beach?

해변에 가면 인어를 만날 수 있을까?

동화책에서만 볼 수 있는 인어를 실제로 만날 수 있을까요?
반짝반짝 빛나는 바다를 보고 있자면 인어가 참방참방 튀어나올 것만 같아요.
물을 무서워하는 아이에게 'Can you find a mermaid at the beach?'라고 질문해봐요.
재미있게 상상의 나래를 펼치다 보면 어느새
무서워했던 마음에 대해서는 까맣게 잊어버릴지도 몰라요.

오늘의 단어 **Mermaid** [명사] 인어

My front teeth are coming in.
앞니가 나요.

Are your teeth coming in?

이가 나고 있어?

영어로 이가 난다고 말할 때 어려운 동사를 써야 할 것 같지만 간단하게
coming in이라고 해요. 작은 이가 아이에게 찾아오는 모습을 떠올리면
기억하기 쉬울 거예요. 하얗고 건강한 이가 났으면 좋겠네요!

 오늘의
단어   **Come in** [동사] 나오다

Does your twin live in the mirror?

거울 속에 너의 쌍둥이가 살고 있을까?

아이가 궁금증이 가득한 얼굴로 거울 앞에 서 있어요. 자기 모습을 보는 걸까요?
아니면 자신을 잘 따라 하는 쌍둥이라고 생각하는 걸까요?
'Does your twin live in the mirror?'라고 물어보면
아이가 무슨 생각을 하는지 들을 수 있을 거예요.
거울에 있는 아이가 진짜 자기 모습인지 아닌지 확인하려고 노력하겠죠?

**I think so.
She always copies me.**
그런 것 같아요. 쌍둥이는 항상 저를 따라 해요.

 오늘의 단어 **Mirror** [명사] 거울

My teeth hurt.
이가 아파요.

Are you cutting teeth?

이앓이하니?

새로운 이가 날 때 아이는 몹시 힘들어해요. 열이 날 때도 있지요.
잠을 못 자기도 하고 자지러지게 울 때도 있습니다. 많이 아플 만해요.
이가 생살을 찢고 올라오는 것이니까요.
이런 모습 때문에 영어로는 **cut** 동사를 써서 말해요.
시원한 치발기가 필요하겠네요!

 오늘의 단어   **Teeth** [명사] 이

Maybe alien children live there.
아마 외계인 어린이들이 거기에 살 거예요.

Who do you think lives on that star?

저 별에 누가 살까?

아이에게 별에 대해 설명할 수는 있지만,
그 별에 누가 살고 있는지는 엄마, 아빠도 잘 몰라요.
우리 모두 잘 알지 못하는 세계에 대해 함께 상상해보는 건
아주 재미있는 일이지요. 생각지도 못한 이야기가 쏟아질지도 몰라요!
'Who do you think lives on that star?'라는 질문으로 대화를 시작해보아요.

오늘의
단어 **Star** [동사] 별

My tooth is getting loose.
이가 흔들려요.

Is your tooth getting loose?

이가 흔들려?

이가 흔들릴 때는 무슨 동사를 써서 말할까요?
'흔들다'니까 **shake**를 쉽게 떠올리겠지만,
이 경우에는 **get loose**(느슨해지다)를 써서 말합니다.
사실 이가 뿌리 내리고 있는 잇몸이 느슨해져서 이가 흔들리는 거니까
그 모습을 상상하면 쉽게 기억할 수 있어요.

오늘의 단어 **Loose** [형용사] 흔들리는

Maybe it tastes like ice cream.
아마 아이스크림 맛일 것 같아요.

What does a cloud taste like?

구름은 무슨 맛이 날까?

구름을 먹으면 무슨 맛이 날까요? 아이스크림이나 솜사탕은
구름을 아주 많이 닮아서 차갑고 달콤하고 폭신폭신한 맛일까 상상하게 되기도 해요.
아이들도 구름은 어떤 맛이 날까 궁금해할 거예요.
다음에 아이와 구름 구경을 하게 되면
'What does a cloud taste like?'를 주제로 상상력을 발휘해보세요.

오늘의 단어 **Taste** [동사] 맛이 나다

Yes.
You can hear it?
네. 들려요?

Is your tummy growling?

배에서 소리가 나?

아이 배에서 소리가 나나 봐요. 배가 고파서 꼬르륵 소리가 나는 걸까요?
아니면 뭘 잘못 먹어서 소리가 나는 걸까요?
재미있게도 이 경우에 **growling**이라고 해요. **Growling**은 으르렁거린다는 뜻인데,
마치 배에서 나는 소리가 으르렁거리는 것 같아서 생긴 표현이에요.
tummy는 배를 뜻하는 아이 용어랍니다.

오늘의
단어　　**Growl** [동사] 꼬르륵거리다

Does a star become a starfish when it falls into the sea?

별이 바다로 떨어지면 불가사리가 될까?

불가사리는 영어로 **starfish**인데요, 실제로 불가사리는 별 모양이기도 하지요.
정말 별과 무슨 관계가 있는 걸까요? 원래 별이었는데 하늘에서 바다로 떨어진 걸까요?
바닷가에 가서 불가사리를 보면 이 주제에 대해서 하루 종일
생각하고 이야기해볼 수도 있겠어요.

오늘의 단어 **Starfish** [명사] 불가사리

Let's wipe
your butt clean!

엉덩이 잘 닦자!

I feel much better now.
이제 기분이 훨씬 좋아요.

아이의 엉덩이를 깨끗하게 닦아줄 때나 아이가 용변을 보러 갈 때 쓸 수 있는 표현입니다.
엉덩이를 표현할 수 있는 영어 단어는 굉장히 많지요.
다양한 느낌을 내포하고 있는 영어 단어 가운데 butt은 가장 순수한 의미의 단어예요.

오늘의
단어

Butt [명사] 엉덩이

Can the people on the TV screen see you?

텔레비전 속 사람들이 너를 볼 수 있을까?

어떤 아이는 텔레비전을 볼 때 텔레비전 화면 속 사람들도
자기를 볼 수 있다고 생각할 수 있어요.
그래서 열심히 텔레비전 속 사람들에게 인사하고 말을 걸기도 하지요.
이럴 때는 'Can the people on the TV screen see you?'라고 물어볼 수 있어요.
아이가 어떤 대답을 할까요?

Yes. They always look at me.
네. 자꾸 저를 봐요.

오늘의 단어   **Screen** [명사] 화면

That feels so good!
느낌이 아주 좋아요!

How about I give you a massage?

마사지해줄까?

따뜻한 물로 목욕을 한 다음에 아이를 마사지해주면 너무 좋아해요.
순한 오일을 양손에 발라 구석구석 아이의 몸을 마사지해줍니다.
혈액순환에도 좋지만 아이가 진정하는 데도 큰 도움이 돼요.
마사지를 해주는 것은 **give** 동사를 써서 말해볼 수 있어요.
마치 선물을 주는 것(give)처럼 아이에게 마사지를 주는 겁니다(give).

 Give a massage [구동사] 마사지해주다

Where did I come from?
저는 어디서 왔어요?

Where do babies come from?

아이들은 어디에서 올까?

아이가 크면 다른 아이들에게 관심도 생기고,
그들이 어디서 왔는지 궁금해하기도 해요.
아직 궁금해하지 않는다면 엄마, 아빠가 먼저 질문해보면서
아이들이 생각해볼 수 있도록 할 수 있어요.
이 표현에서 아이는 구체적인 한 아이가 아니라
일반적인 아이를 의미하기 때문에 복수형으로 **babies**라고 합니다.

 오늘의
단어 **Baby** [명사] 아기

Now I can sleep better.
이제 잠을 잘 수 있을 것 같아요.

Here's your pacifier.
쪽쪽이 줄게.

아이들은 자랄수록 의사가 분명해져서 궁금한 것도 갖고 싶은 것도 점점 많아지지요.
아이가 원하는 물건을 줄 때 'Here is(here's) your _____.'라고 할 수 있어요.
아이가 장난감이나 간식을 찾을 때 이 표현을 유용하게 쓸 수 있겠죠?

오늘의
단어 **Pacifier** [명사] 쪽쪽이

It looks like
delicious cheese!

맛있는 치즈처럼 보여요!

Is the Moon made of cheese?

달은 치즈로 만들어졌을까?

깊은 밤이 되도록 아이가 꿈나라에 가지 못했다면,
어두운 밤하늘에서 빛나는 달을 보는 시간을 가져보면 어떨까요?
달이 무엇으로 만들어졌는지 상상하고 대화하는 것도 참 재미있겠어요.
서양에서는 재미로 아이에게 달이 치즈로 만들어졌다고 말하기도 해요.
우리 아이는 달이 무엇으로 만들어졌다고 상상할까요?
은은한 달빛을 보면서 상상의 나래를 펼치다 보면 금방 잠이 오게 될 거예요.

오늘의
단어 **Moon** [명사] 달

**Watch me
stretch my arms!**
제가 얼마나 스트레칭
잘하는지 보세요!

It's time to stretch!

기지개 켜보자!

아이를 키울 때 규칙적인 일과가 중요하다는 것을 알게 되어요.
일어날 시간, 식사할 시간, 낮잠 시간, 놀이 시간, 산책 같은 일과가 규칙적일수록
다음에 일어날 일을 예상할 수 있어서 아이가 더 안정감을 느낀답니다.
한국어로 '~할 시간이야'라는 표현과 아주 비슷하게 영어로는
'It's time to 행동.'이라고 해요. 아이에게 지금 무엇을 할 시간인지 자주 알려주면,
하루의 일과를 금방 익히게 되겠죠?

오늘의
단어 **Stretch** [동사] 스트레칭하다

Yes. I can hear it at night.
네. 밤에 괴물 소리가 들려요.

Does a monster live under your bed?

침대 밑에 괴물이 살까?

아이의 상상력이 좋아지면 장점이 많이 생기지만 동시에 단점도 생겨요.
존재하지 않는 무언가를 상상하며 무서워하기도 하고요.
너무 심해지면 잠을 잘 못 자기도 해요.
아이의 두려움을 이해할 수 있도록 질문을 해보면 좋아요.
아이가 무슨 상상을 하는지 알면 안정을 되찾고 편히 잠들 수 있는 방법도
찾을 수 있을 테니까요.

오늘의 단어

Monster [명사] 괴물

I feel so sleepy all of a sudden.
갑자기 너무 졸려요.

What a big yawn !

하품 참 크게도 하네!

아이의 행동이 얼마나 대단하거나 놀라운지 표현하기 위해
'**What a** 행동·놀라운 것.'이라는 표현을 사용할 수 있어요.
아이를 키우면 확실히 놀라운 일이 많이 생기기 때문에,
이 표현을 유익하게 쓸 수 있습니다.
아이와 상관없는 상황에서도 유용하게 쓸 수 있는데요.
꼭 긍정적인 상황에서 쓰지 않아도 돼요.
엄청 스트레스를 받을 때 '**What a terrible day**(참 안 좋은 날이네)!'라고 할 수도 있죠.

오늘의
단어 **Yawn** [명사] 하품

Maybe a dragon lives at the bottom of the sea.
아마 해저에 용이 살고 있을 것 같아요.

What's at the bottom of the sea?

바다 아래에는 뭐가 있을까?

깊은 바다는 어둡고 끝이 보이지 않아요. 넓고 푸른 바닷속에 무엇이 살고 있을지
재미있는 상상을 하게 돼요. 물고기와 상어가 헤엄치고 있을까요?
혹시 괴물이나 누구도 본 적 없는 생명체가 살고 있는 건 아닐까요?
아이에게 'What's at the bottom of the sea?'라고 질문하며 대화해보세요.

오늘의 단어 **Sea** [명사] 바다

**Ouch!
That hurts!**
아야! 아파요!

Let me brush your hair.

머리 빗어줄게.

그냥 머리를 빗어주면 되는데, 영어로는 왜 허락을 구하는 'Let me ~' 표현을 쓸까요?
가끔 아이가 싫어하는 행동을 할 수밖에 없는 상황이 생겨요.
이럴 때 아이에게 이 행동을 해도 될지 어느 정도 허락을 받는 게 중요해요.
아이에게 이런 배려를 자주 보여주면 나중에 아이도
다른 사람에게 배려 있게 행동할 가능성이 크겠죠?

오늘의
단어 **Brush** [동사] 빗다

Maybe it feels like a pillow.
아마 구름은 베개같이 느껴질 것 같아요.

What would it feel like to walk on a cloud?

구름 위를 걸으면 무슨 느낌일까?

맑은 날 비행기를 타고 창밖을 바라보면 구름이 마치 부드러운 이불처럼 보여요.
구름 위를 걸으면 어떤 느낌일까 상상하게 되지요.
아이와 함께 비행기를 타본 적이 없다면
구름 위에서 찍은 사진을 보면서 대화를 할 수도 있어요.

오늘의 단어　**Feel** [동사] 느낌이 들다

When can I get a haircut?

머리를 언제 자르러 가요?

Your hair is getting so long !

머리가 많이 자랐네!

아이는 생각보다 엄청 빨리 자라고 변화해요.
다리도, 머리카락도, 팔도 금세 길어지지요. 그 차이를 표현할 때 핵심은 **getting**인데
'**You're getting so** 형용사.'라고도 할 수 있고
혹은 '**Your** 신체 부위 **is getting so** 형용사.'라고도 할 수 있어요.
다른 아이의 변화를 포착하고 이 표현을 쓰면 그 아이 부모님도 아주 좋아할 거예요!

오늘의
단어 **Hair** [명사] 머리카락

I think it rains when clouds sweat.
구름이 땀을 흘리면 비가 내리는 것 같아요.

Does it rain when clouds cry?

구름이 울 때 비가 내릴까?

구름 속에서 비가 떨어지는 모습을 처음 볼 때 아이는 무척 신기할 거예요.
왜 비가 오는지 설명을 듣고 싶어 하죠. 과학적인 설명을 듣기에는 아이가 아직 너무
어리다면 상상할 수 있도록 'Does it rain when clouds cry?' 하고 물어보세요.
이 질문을 들은 아이가 왜 구름이 울고 있는지 반문해볼 수도 있고,
더 창의적인 생각을 나눠 볼 수도 있을 거예요.

오늘의 단어 **When** [관계부사] ~할 때

You need to wash your hands too, Mommy·Daddy.

엄마, 아빠도 손을 씻어야죠.

Time to wash your hands!

손을 깨끗하게 씻자!

밥 먹기 전이나 후, 그리고 놀고 들어오면 손을 깨끗하게 씻어야죠.
손이 많이 더럽지 않아도 식사를 하기 전에 같이 손을 씻으면
좋은 습관을 기를 수 있어요. 주의할 점은, 영어로 신체 부위에 대해서 이야기할 때
소유형용사(**my, your, his, her, their, our**)를 꼭 써야 한다는 겁니다.
한국어와 다르게 영어는 소유형용사에 매우 예민한 편이니 잘 기억해두었다가 사용하세요.

 오늘의 단어　**Wash** [동사] 씻다

Can birds fly all the way to the Sun?

새들은 태양까지 날 수 있을까?

새가 두 날개를 펼쳐 자유롭게 하늘을 날아다니는 모습이 어른에게는
익숙하고 당연해 보일지 몰라도, 아이에게는 정말 신기한 모습이에요.
하늘은 끝이 없어 보이는데 새는 어디까지 날 수 있을지 상상하게 되기도 하지요.
아이와 함께 상상할 수 있도록 'Can birds fly all the way to the sun?'이라고 물어보세요.

I think the Sun is too hot for birds.
새에게 태양은 너무 뜨거울 것 같아요.

오늘의 단어 **Sun** [명사] 해

I fell down on the playground.
운동장에서 넘어져서 그래요.

You got a bruise.

멍이 들었구나.

아이들의 활동 영역이 넓어지다 보면 다치기가 쉬워요. 아이에게 걱정을 표현하는 건
아이의 감성적인 발달에 아주 중요하기 때문에,
꼭 '아이고, 상처 났네.' 같은 표현을 써주는 게 좋겠죠?
이 같은 상황에 영어로 'You got a 상처.'라는 문장을 유용하게 쓸 수 있어요.
'You got a cut(상처가 났네).', 'You got a bloody nose(코피가 났네).' 등
여러 가지로 변형해서 쓸 수 있어요.

오늘의
단어 **Bruise** [명사] 멍

What's at the end of a rainbow?

무지개 끝에는 무엇이 있을까?

무지개는 어디에서 시작해서 어디에서 끝이 날까요?
어린 시절 저의 가장 큰 궁금증이었어요.
만지면 해답을 찾을 수 있을 것만 같아서 무지개가 보이는 쪽으로 달려가기도 했죠.
많은 아이들이 비슷할 거예요.
물론 절대 무지개를 만져볼 수는 없겠지만,
이 주제로 재미있는 대화를 많이 나눠볼 수 있어요.

Maybe there's an angel.
아마 천사가 있을 거예요.

오늘의 단어 **End** [명사] 끝

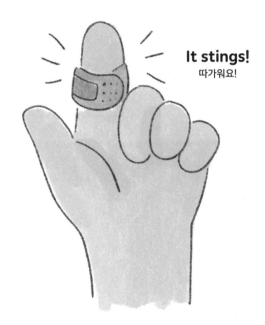

It stings!
따가워요!

Let's put a band-aid on your boo-boo.

밴드 붙여줄게.

상처를 치료해주고 싶을 때 '밴드 붙여줄게.'라고 해요.
'밴드'를 영어로 흔히 **band-aid**라고 말해요. 원래 회사 이름이었지만,
너무 유명해지는 바람에 이 단어가 생활화됐어요.
덧붙여 아이에게 말할 때 상처는 **injury**가 아니라 **boo-boo**라고 해요.
한국어로 '아야'라고 하는 것처럼요. **Injury**는 어딘가 차갑고 무섭게 들리거든요.
아이에게는 '**Did you get a boo-boo**(상처가 났어)**?**'라고 말할 수 있답니다!

오늘의 단어 **Boo-boo** [명사] 아야 (작은 상처를 표현하는 아동어)

I need to climb the rainbow first.
먼저 무지개 위에 올라가야겠네요.

Can you go down a rainbow like a slide?

무지개로 미끄럼틀을 탈 수 있을까?

처음으로 무지개를 본 순간을 기억하나요?
빨주노초파남보 아름다운 색깔로 만들어진 무지개빛 아치를 보면
황홀해서 오랫동안 기억에 남지요. 무지개의 곡선은 마치 미끄럼틀처럼 보이기도 해요.
무지개를 타고 내려오면 어떤 기분이 들까요? 아이와 함께 무지개 미끄럼틀을 타는
상상을 하는 것만으로 마음이 아름답게 물드는 것 같아요.

💡 미끄럼틀을 탈 때는 go down a slide라고 해요.

오늘의 단어 | **Like** [전치사] ~처럼

Will I get better faster if I take a nap?
낮잠 자면 더 빨리 나을까요?

You'll get better in no time.

금방 나을 거야.

아이가 아프거나 다치면 엄마, 아빠 마음도 정말 아프죠.
하지만 최대한 긍정적으로 아이에게 좋은 에너지를 주려고 노력해봅니다.
이럴 때 아이에게 **get better**(낫다)라는 표현을 쓸 수 있어요.
여기서 **in no time**은 금방이라는 뜻입니다.

오늘의 단어

Better [형용사] 더 나은

Maybe Santa lives above the clouds.
아마 산타 할아버지가 살 것 같아요.

Who lives above the clouds?

구름 속에 누가 살까?

넓은 하늘 아래에서 아이와 함께 편안하게 누워 떠다니는 구름을 관찰해보아요.
솜처럼 보송보송하고 하얀 구름이 두둥실 파란 하늘을 떠다니는 것을 보면
여러 가지 상상을 하게 되지요.
구름 위는 잘 보이지 않는데 그 위에는 뭐가 있을까요?
아이가 혼자 상상해볼 수 있도록 질문해보세요.

오늘의 단어 **Above** [전치사] ~위에

**Look at
all my teeth!**
제 이를 봐요!

Let's brush your teeth.

치카치카 이를 잘 닦자.

아이들이 무서워하는 것 중 하나는 바로 이 닦기예요.
이를 닦을 때 아이에게 '이건 재미있는 거야.
무서운 거 아냐.' 하고 알려주며 안심을 시키고 신뢰를 쌓아야 해요.
아이를 안고 최대한 사랑스러운 목소리로 **'Let's brush your teeth.'**라고 해보세요!
아이와 이 닦기에 관한 좋은 추억을 많이 만들어보아요.

오늘의 단어	**Let's~** [표현] ~하자

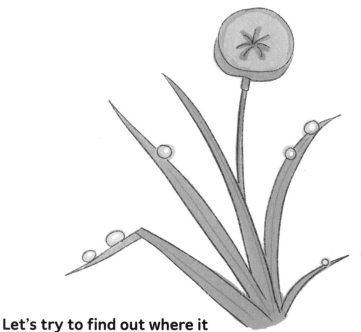

Where does dew come from?

이슬은 어디에서 왔을까?

날씨가 좋은 날, 아이와 밖에서 최대한 많이 놀면 좋아요.
밖에서는 하늘과 구름과 나무를 볼 수 있고,
아침이면 이슬을 만나게 될 수도 있죠.
아이와 함께 송알송알 맺힌 **dew**(이슬)를 관찰해보세요.
그리고 아이가 상상할 수 있도록 '**Where does dew come from?**'이라고 질문을 해보세요.
나중에는 다른 자연 현상에 대해서도 질문을 많이 하게 될지도 모르겠네요.

Let's try to find out where it comes from together.
이슬은 어디에서 오는지 같이 찾아봐요.

 오늘의 단어 **From** [전치사] ~에서부터

Here's my baby fat.
여기 아기 살 있어요.

Where did your baby fat go?

아기 살이 다 어디 갔어?

자라면서 어떤 아이들은 통통해져서 귀여운 '아기 살'이 많아지기도 해요.
영어로는 **baby fat**이라고 해요. 아이가 크면 클수록 이 **baby fat**은 사라지기 시작해요.
어떤 부모님은 이 점을 아쉬워할 수도 있어요.
먼 친척이나 친구가 오랜만에 아이를 보면 놀란 목소리로
'**Where did your baby fat go?**'라고 물어볼 수 있죠.

오늘의 단어 **Fat** [명사] 살

I think they do.
그럴 것 같아요.

Do your toys come to life when you're asleep?

네가 잠든 동안 장난감들이 알아서 움직일까?

인형의 눈을 보면 진짜 살아 있는 것처럼 보이기도 해요.
우리가 잠든 사이 인형들은 뭘 할까요?
아무도 안 보고 있을 때 다른 인형들과 대화하기도 할까요?
밤하늘을 날아다니며 세상을 구경하기도 할까요?
Come to life는 살아 있는 것처럼 움직인다는 의미가 담겨 있어요.

오늘의 단어 **Asleep** [형용사] 잠든

Here they are!
내 손은 여기에 있어!

Show me your hands.

두 손을 내밀어 봐.

아이는 자라며 자기 인식이 점점 좋아지기 시작해요.
이럴 때 신체 부위와 관련된 표현을 같이 연습해보면 발달에 더 큰 도움이 될 수 있겠죠?
'손 보여줘.' '이 보여줘.' '무릎 보여줘.'라고 표현할 때
'Show me your _____.'라고 할 수 있어요.
나중에 장난감이나 다른 물건에 대해 말할 때도
'Show me your _____.'라고 할 수 있어요.

오늘의
단어 **Show** [동사] 보여주다

I want to climb trees to look for fairies.
나무에 올라가서 요정을 찾고 싶어요.

Do fairies live in trees?

요정들은 나무에 살까?

동화책 속에 요정들이 많이 나오기 때문에, 여러 동화책을 읽어본 아이들은 요정을 곧 알게 돼요. 만나고 싶어 하기도 하고요. 요정을 실제로 볼 수는 없지만, 야외에서 함께 자연을 즐길 때 요정에 대해서 상상해볼 수 있어요. 날아다니는 요정들은 어디에 살까 이야기를 나눠보세요. 요정이 사는 집을 찾지 못하더라도 대신 다양한 새를 만나게 될 거예요.

오늘의 단어 **Tree** [명사] 나무

A little bit.
살짝 시려요.

Are your hands cold?

손이 시렵니?

아이는 몸이 작아서 온도에 더 예민해요.
어른은 추위를 못 느낄 수도 있지만 아이는 추울 수 있으니 자주 확인해야 해요.
아이에게 'Are your _____ cold?' 하고 물어볼 때, 신체 부위에 따라
복수형이나 단수형이 될 수 있으니까 are와 is를 잘 구별하세요.
가령, 코는 하나니까 'Are your nose cold?'가 아니라
꼭 'Is your nose cold?'라고 해야 해요.

 Cold [형용사] 차가운

오늘의
단어

I hope not.
안 그랬으면 좋겠어요.

Will a watermelon grow in your stomach if you swallow its seed?

씨를 삼키면 배 속에서 수박이 자랄까?

더운 여름날 시원한 수박을 먹다 보면 아이가 실수로 수박 씨를 삼키기도 해요.
그 씨앗을 그대로 꿀꺽 삼켜버리면 배 속에서 수박이 자랄까요?
아이에게 질문하면 아이가 열심히 상상해보기 시작하겠죠.
배 속에서 수박 싹이 날까, 나지 않을까 골똘히 생각에 빠진 모습이 정말 귀엽겠어요!

오늘의 단어 **Seed** [명사] 씨앗

Yes!
And I'll do it again!
네! 그리고 또 할 거예요!

Did you stick
your tongue out at me?!

아까 나한테 메롱 한 거야?!

아이는 자랄수록 표정이 풍부해져요.
표정으로 의사를 표현하거나 개구진 장난을 치기도 하지요.
그중 가장 대표적인 표정이 바로 혀를 쑥 내미는 '메롱'이에요.
아이가 메롱 하고 장난을 걸어올 때면 너무 귀여운 나머지 그만 따라 하게 되지요.
'메롱 하다'는 영어로 **'stick out one's tongue.'**라고 해요.

 오늘의
단어 **Tongue** [명사] 혀

***

아이를 키우면 세상의 모든 것이 아이를 통해 다르게 보이기도 해요.

혹은 완전히 새롭게 느껴지기도 하지요. 아이가 펼치는 상상력 덕분이에요.

책 속 지식을 익히고 이해하는 것도 소중하지만, 마음껏 상상력을 펼쳐보는 것도 아이들에게는 아주 중요해요.

그 상상력이 말도 안 되고 얼토당토않은 것이더라도 말이에요.

우리도 어릴 때 동화책을 많이 읽고 재미있고 신기한 것을 많이 상상해봤잖아요.

상상의 세계 속에 엄마, 아빠도 함께 참여한다면 더 신나는 모험을 하고 깊은 교감을 나눠볼 수 있겠죠?

이번 달에는 아이와 상상력을 함께 펼치고 대화해볼 수 있는 표현을 담아봤습니다.

**I haven't
pooped all day.**
오늘 한 번도 응가 안 했는데요.

Did you poop?

응가했니?

갑자기 똥 냄새가 날 때 가끔은 아이가 똥을 눈 건지,
아니면 방귀를 뀐 건지 구별하기 어려울 수도 있어요.
자연스럽게 '응가했니?' 하고 물어보죠.
한국에서 아이의 똥을 '응가'라고 귀엽게 표현하는 것처럼,
영미권에서도 마찬가지로 귀여운 단어를 써요.
과학적인 뉘앙스의 **deficate**(대변보다)라는 단어 대신 **poop**라고 한답니다.

오늘의 단어	**Poop** [동사] 응가하다

NOVEMBER

IMAGINATIVE POWER

상상의 나래를 펼치는 대화

11월

넓고 깊은
상상의 세계에서는
무엇이든
가능할 것만 같아요

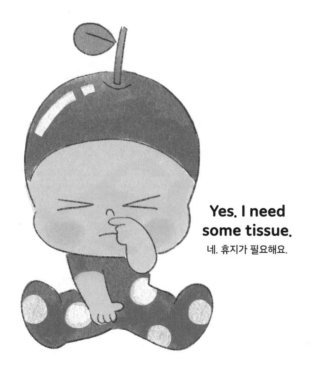

Yes. I need some tissue.
네. 휴지가 필요해요.

Do you have boogers in your nose?

코에 코딱지가 있어?

아이가 자기 자신을 인식할수록 몸에서 새로운 부분을 발견하곤 해요.
언젠가 자기 코를 발견하면 코딱지도 발견하게 되겠지요.
코딱지는 영어로 **booger**라고 하고, 여러 개 있으면 **boogers**라고 해요.
boogers 때문에 불편해 보일 때 코딱지에 대해 물으며 소통하면 큰 도움이 될 수 있어요.

오늘의
단어

Booger [명사] 코딱지

It's okay if you're afraid of the dark.

어둠을 무서워해도 괜찮아.

어떤 아이는 어둠을 무서워해요.
어둠을 무서워하지 않던 아이도 상상력이 발달하면 무서워하기도 하지요.
미국에서는 어릴 때부터 엄마, 아빠와 떨어져 자는 훈련을 하지만
어둠을 무서워하는 건 미국 아이들도 많이 보이는 자연스러운 현상이랍니다.
게다가 아이는 엄마, 아빠의 공감을 많이 받고 싶어 해요.
아이의 두려움을 이해한다는 목소리로 잘 달래줄 때는 이 표현을 써보세요.

 오늘의 단어 **Dark** [명사] 어둠

My nose itches.
코가 간지러워요.

Blow your nose!

흥 해봐!

아이 코 안에 코딱지(**boogers**)가 많으면 아이는 자기 손가락으로 꺼내려고 노력해요.
처음에는 이 행동이 귀엽지만 더 좋은 예절을 배워야 해요.
대신에 코 푸는 법을 알려줍시다.
아이에게 '흥' 하라고 하면 코에서 바람을 내뿜잖아요.
그래서 영어로 '**blow your nose.**'라고 해요.
콧물을 풀 때도 같은 표현을 쓸 수 있습니다.

오늘의 단어 **Nose** [명사] 코

It's okay if you don't want me to put lotion on you.

로션 바르기 싫어도 괜찮아.

세상에서 가장 부드러운 것이 있다면 바로 아이 피부일 거예요.
소중한 피부를 지켜주기 위해서 목욕이 끝나면 부드러운 로션을 발라주지요.
그런데 아이는 로션이 싫다고 소란을 피울 수도 있어요.
로션 냄새나 질척거리는 느낌이 싫어서 예민하게 반응하기도 하지요.
로션 때문에 괜히 아이에게 스트레스를 줄 필요는 없어요.
오늘은 로션 바르기를 건너뛰고 싶어 한다면 이렇게 말할 수 있어요.

 오늘의 단어 **Lotion** [명사] 로션

Can I eat it all?
내가 다 먹어도 돼?

Take a big bite!

한 입 크게 물어봐!

아이와 함께하는 식사 시간은 아주 재미있을 수도 있지만 가끔은 스트레스를 줘요.
음식으로 장난만 치려 할 수도 있으니까요. 식사에 흥미가 생길 수 있도록 도와줍니다.
긍정적인 표정으로 대화하는 게 중요해요.
영어로 'Take a big bite.'라고 하면서 먹여줘 보세요.
엄마, 아빠도 'Daddy is taking a big bite(아빠 한 입 크게 먹는다)!'라며
입을 크게 벌려도 재미있지요.

 오늘의 단어   **bite** [동사] 베어 물다

It's okay if you don't want to see your friend.

친구 안 보고 싶어도 괜찮아.

아이가 친구와 노는 모습을 보면 참 즐거워요.
사회성을 키우는 모습에 흐뭇해지기도 하고요.
그러나 아이도 어떨 때는 친구와 노는 대신 집에서 혼자 조용히 놀고 싶어 해요.
친구와 놀지 않으려는 모습이 답답하고 아쉬울 수 있겠지만,
아이의 감정과 의사를 존중해주려 해요.
집에서 조용히 재미있게 노는 날도 있고, 친구와 신나게 노는 날도 있으니까요.

 See [동사] 보다, 만나다

MARCH

✳ FIVE SENSES ✳

눈, 귀, 코, 입, 손으로 세상을 배우기

3월

작고 사랑스러운
탐험가와
이 세상을 탐구하고
배워나가요

It's okay if you don't want to hold my hand.

손 안 잡고 싶어도 괜찮아.

아이는 생각보다 많은 것을 엄마, 아빠 도움 없이 혼자 하고 싶어 해요.
길바닥이 울퉁불퉁해서 넘어지지 않도록 손을 잡으려고 할 때,
아이가 손을 뿌리치는 일도 생기죠. 아이의 행동이 섭섭할 수도 있겠지만,
아이는 부모님의 기분을 나쁘게 하려고 한 행동이 아니에요.
주차장이나 사람이 많은 장소 등이 아니라면, 아이에게 최대한 많은 자유를 주려고 해요.
자유를 만끽하고 만족스러워지면, 어느 순간 아이가 먼저 손을 잡으려고 할 테니까요.

 오늘의 단어 **My** [소유 한정사] 나의

***

아이는 마치 새로운 행성에 도착한 탐험가와 같아요. 이 세상은 아이에게 신비하고 놀라운 미지의 존재로 가득하지요.

눈과 코와 입과 손과 귀로 오감을 동원해서 이 세상을 탐구하고 배워나가요.

맛을 보고, 소리를 듣고, 냄새를 맡고, 만져보면서 조금씩 이 세상을 이해하기 시작하지요.

그런데 이 세상에서 가장 작고 귀여운 탐험가에게는 조력자가 꼭 필요하답니다.

안전하고 즐겁게 이 세상을 탐구하고 배워나갈 수 있도록 엄마, 아빠의 도움이 필요해요.

이번 달에는 작은 탐험가를 위해 엄마와 아빠가 쓸 수 있는 표현들을 구성해봤습니다.

처음 맛보는 음식, 처음 만져보는 물건, 처음 맡아보는 냄새, 처음 들어보는 소리 등 오감을 자극하며

아이가 처음으로 탐구하고 배워나가는 소중한 순간을 부모님과 교감하는 시간으로 만들어보세요.

우리 집 작은 탐험가의 하루가 더 신나고 특별해질 거예요.

It's okay if you're in a bad mood today.

오늘 기분이 좋지 않아도 괜찮아.

아이의 웃음은 엄마, 아빠 마음속 피로와 고뇌를 녹이지요.
웃는 얼굴과 귀여운 웃음소리를 하루종일 듣고 싶어지기도 해요.
하지만 어떤 날에는 아이도 기분이 별로 좋지 않아서 잘 웃지 않고 시무룩하게 있어요.
아이 기분이 안 좋을 때는, 그 상태를 그대로 인정해주기로 해요.
아이는 자신의 감정을 인정받을 수 있어서 기분이 좋고,
엄마, 아빠는 괜한 걱정을 하지 않아서 좋아요.

 오늘의 단어 **Mood** [명사] 기분

Is that food?
음식인가요?

What's that sweet smell?

이게 무슨 달콤한 냄새야?

아이와 세상을 함께 탐구할 때 우리 몸의 다양한 감각을 사용해볼 수 있어요.
그중 후각은 보이지 않는 냄새로 다채로운 세상을 탐구할 수 있는 재미난 방법 중 하나죠.
'What's that smell?' 표현으로 아이와 새로운 향기나 냄새들을 알아보면
뇌가 발달하는 데 큰 도움이 되겠죠?

 오늘의 단어 **Smell** [명사] 냄새

It's okay if you want to cry.

울어도 괜찮아.

아이에게는 울고 싶은 이유가 끊임없이 생겨요. 크레파스를 못 먹게 해도,
컵을 못 던지게 해도, 식탁 위에 못 올라가게 해도 울음이 터지곤 하죠.
원하는 대로 하지 못해 속상하고 답답해서 울음이 나나 봐요.
아이가 항상 기분이 좋으면 참 좋겠지만,
속상해서 울음이 나오는 것까지 엄마, 아빠가 조절할 수는 없어요.
아이가 편하게 감정을 표현하고 스스로 울음을 그칠 수 있도록 기다려요.

 오늘의
단어 **Cry** [동사] 울다

It wasn't me!
저 아니에요!

Did somebody fart?

누가 방귀를 뀌었지?

아이의 방귀는 얼마나 귀여운지요. 아이의 방귀는 좋은 신호예요.
먹은 것을 잘 소화하고 있다는 뜻이니까요.
아이는 생각보다 엄마, 아빠의 감정을 아주 잘 읽기 때문에,
똥이나 방귀 냄새에 부정적으로 반응하면 크게 상처받을 수 있다고 해요.
아무리 냄새가 안 좋아도 긍정적이고 장난스럽게
'Did somebody fart?'라고 교감해봅니다.

오늘의
단어

Fart [동사] 방귀 뀌다

It's okay if you get a hole in your sock.

양말에 구멍이 나도 괜찮아.

아이 양말은 세상에서 가장 귀여워요. 통통한 발목을 감싼 양말이 어찌나 사랑스러운지요.
그런데 너무 신나게 뛰어다니고 놀다가 보니 구멍이 생겨버렸네요. 괜찮아요.
구멍 난 양말이야 꿰매도 되고 하나 더 사주어도 되지요.
이참에 양말 쇼핑을 핑계로 아이와 함께 나들이를 가도 좋겠어요!

 오늘의 단어 **Hole** [명사] 구멍

**They're
really soft!**
완전 부드러워요!

Are your new pajamas soft?

새 잠옷이 부드럽니?

잠들기 전에 부드럽고 깨끗한 잠옷으로 갈아입힐 때마다 쓰기 좋은 표현이에요.
아이들은 부드러운 감촉을 특히나 좋아해서 **soft**라는 단어를 자주 쓰게 된답니다.
아이가 옷을 부드러워하는지 확인할 수 있도록 '**Is · Are your** 사물 **soft?**'라고
질문하면서 즐거운 교감을 나눠보세요.

오늘의
단어 **Pajamas** [명사] 잠옷

It's okay if you're a little shy.

부끄러워해도 괜찮아.

활동적이고 적극적인 아이도 있지만, 소극적이고 조심스러운 아이도 있어요.
사회적으로 소극적인 성향이 이따금 부정적으로 묘사되기도 하지만,
어른들도 성향이 제각각 다른 것처럼 아이들도 마찬가지인 것뿐이잖아요.
소극적인 성향의 아이는 조심스럽고 신중하지요. 제각각 다른 아이들의 성향을 인정하고
아이가 본인의 성격을 긍정적으로 받아들이도록 도와줍니다.

 오늘의 단어 **Shy** [형용사] 부끄러운, 소심한

**Yes! It's
super cozy!**
네! 정말 포근해요!

Is your new blanket cozy?

새 담요는 포근해?

쌀쌀한 밤에 포근한 이불을 감싸고 따뜻한 잠자리에 드는 것보다
더 좋은 기분은 없을 거예요. 아이도 마찬가지예요.
아이의 잠자리가 포근한지 확인할 때 **cozy**(포근한)라는 형용사를 사용해보세요.
blanket(담요), **sweater**(스웨터), **pajamas**(잠옷) 같은 단어를 사용해
여러 문장으로 응용할 수 있답니다.

오늘의
단어

Blanket [명사] 담요

It's okay if you want to go home early.

집에 일찍 가고 싶어도 괜찮아.

아이가 공원에 가고 싶다고 해서 함께 왔어요.
그런데 도착한 지 5분밖에 안 됐는데 벌써 집에 가고 싶대요. 왜 그럴까요?
아이는 아직 표현력이 부족하기 때문에 불편함을 엉뚱하게 표현하기도 한다고 해요.
아이의 변덕스러운 표현에 짜증이 나더라도, 아이가 왜 불편한지
이해하려고 노력하면 아이는 큰 고마움을 느낄 거예요.

 오늘의 단어 **Go** [동사] 가다

The ball is really hard.
이 공은 아주 딱딱해.

Squeeze this ball!

이 공을 쥐어봐!

촉감놀이는 아이의 뇌 발달에 크게 도움을 주는 활동 중 하나예요.
보통 아이들이 제일 빨리 시작할 수 있는 촉감놀이는 바로 물건을 쥐는 거예요.
사물을 쥐어보라고 할 때 **squeeze**(꽉 쥐다) 동사를 사용하면서 대화하면
촉감놀이를 더 즐길 수 있겠네요!

오늘의 단어 **Squeeze** [동사] 꽉 쥐다

It's okay if you don't have many friends.

친구가 많이 없어도 괜찮아.

어떤 아이는 놀이터에 갈 때마다 새로운 친구가 곧잘 생겨요.
반대로 어떤 아이는 새로운 친구가 매번 생기지 않지요.
어떤 아이는 많은 친구와 노는 것을 더 좋아하고
어떤 아이는 몇몇 친구와 깊은 교감을 나누는 것을 더 좋아해요.
많은 친구가 더 큰 행복을 의미하는 것은 아니잖아요. 우정은 양보다 질이니까요.

 **Many** [한정사] 많이

His head feels really fuzzy!
곰돌이 머리는
정말 곱슬곱슬하네요!

Feel your teddy bear's head!

곰돌이 머리를 만져봐!

촉감놀이로 아이의 세계를 탐구할 때 가장 유용한 동사는 바로 **feel**입니다.
아마 많은 분들은 **touch**와 어떤 차이가 있는지 궁금해할 것 같은데요.
feel에는 단순히 만진다는 것보다,
촉감을 더 자세히 느끼고 분석한다는 의미가 들어 있어요.

오늘의
단어
Teddy bear [명사] 곰돌이 인형

It's okay if you don't know the alphabet yet.

아직 알파벳을 몰라도 괜찮아.

우리 아이는 아직 말도 느리고 표현력도 서툰데, 다른 아이는 말도 잘하고 글자도
벌써 읽는다면 조바심이 들기도 해요. 하지만 아이를 압박하지 않도록 해요.
조금 느려 보여 걱정이 되더라도, 조금만 시간이 지나면 곧잘 하게 될 테니까요.
조금의 시간이 더 필요할 뿐이에요.
무엇보다 아이마다 성장 속도가 다르다는 것을 인정해야죠.

오늘의
단어

Yet [부사] 아직

Ouch!
아야!

Did you hurt your head?
머리 다쳤어?

아이가 세상을 궁금해할수록 여기저기 돌아다니게 되지요.
자연스럽게 넘어지는 일도 많이 발생해요.
머리를 바닥에 부딪치고 울기 시작하면, 넘어진 아이를 달래며
최대한 부드러운 목소리로 'Did you hurt your head?'라고 말해보세요.
Hurt는 실수로 스스로 다쳤을 때 쓰는 단어랍니다.

오늘의 단어   **Head** [명사] 머리

It's okay if you want to stay longer at the playground.

놀이터에서 계속 더 놀고 싶으면 그래도 돼.

놀이터에 가면 아이는 시간이 가는 줄 몰라요. 집에 가기를 싫어하기도 하죠.
엄마, 아빠는 얼른 놀이터를 떠나 집에서 마음 편히 쉬고 싶기도 하지만
아이는 놀이터에서 놀며 운동도 하고 다른 아이들과 사회성을 기르기도 하지요.
아이에게 마음 편하게 더 오래 놀라고 허락해줄 때 쓰는 말이에요.
여기서 **stay longer**는 '더 오랫동안 있다.'라는 뜻이에요.

 오늘의 단어 **Stay** [동사] 남다

I'm shaking my toy!
장난감을 흔들어요.

Shake it!

흔들어 봐!

아이들은 첫돌이 될 때까지 움직임이 능숙하지 않더라도, 장난감을 잘 흔들 수 있어요.
이럴 때 흔들면 소리가 나는 딸랑이 장난감을 사용해 즐거운 놀이를 할 수 있어요.
흔들기 놀이를 할 때 **shake** 단어를 써보세요.
bottle(병), **toy**(장난감), **hat**(모자) 등을 활용해
'Shake your bottle.', 'shake your toy.', 'shake your hat.' 등으로 응용이 가능합니다.

오늘의 단어 **Shake** [동사] 흔들다

It's okay if you tear your book on accident.

실수로 책을 찢었지만 괜찮아.

아이가 보는 책은 보통 겉표지가 두껍고 나무처럼 딱딱해요.
왜 이렇게 단단하게 만들었을까 궁금하다면 아이 손에 얇은 책을 쥐보면 곧 깨닫게 되죠.
아이가 책을 쉽게 찢어버리곤 하니까요.
종이를 넘기는 데 아직 익숙하지 않아서 잔뜩 구겨버리기도 하겠죠.
그래도 너무 나무라지 않도록 해요.
익숙해지면 한 장씩 소중히 넘기는 법을 곧 알게 될 거예요.

 오늘의 단어 **Tear** [동사] 찢다

The banana is very soft!
바나나가 정말 부드럽네!

Mommy has a really tasty banana for you!

엄마가 맛있는 바나나 간식을 만들었어!

어른들이 새로운 간식을 좋아하는 것처럼 아이들도 깜짝 간식을 아주 좋아해요.
맛있는 간식을 꺼내기 전에 아이에게
'Mommy · Daddy has a really tasty 간식 for you.' 표현으로
무슨 간식을 먹을지 재미있게 말해보세요.
시간이 좀 지나면 간식을 안 보여줘도 이 표현을 들을 때마다 아주 기뻐할 거예요.

오늘의 단어 **Tasty** [형용사] 맛있는

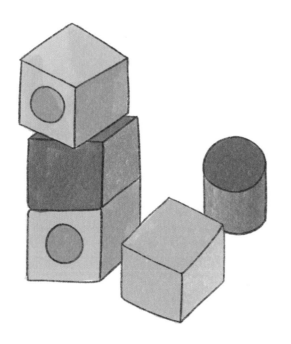

It's okay if you break your toy on accident.

실수로 장난감을 망가뜨려도 괜찮아.

아이 근육은 생각보다 빨리 발달해요.
장난감을 가지고 놀다가 실수로 망가뜨리는 일도 생기지요.
물건을 망가뜨렸을 때 순간 혼내야겠다는 생각이 들 수도 있지만,
사실 아이가 실수로 망가뜨렸을 가능성이 크고
스스로 힘을 잘 조절하지 못해서 그랬을 수도 있어요.
이럴 땐 **on accident** 표현을 써서, 실수라는 걸 강조해서 말해주면 좋아요.

오늘의 단어 **Break** [동사] 망가뜨리다

**It's very easy
to chew.**
매우 쉽게 씹혀요.

How is it?

맛이 어때?

아이가 이유식을 시작하면 새로운 맛을 볼 때마다 재미있고 신기하게 반응해요.
부모님도 아이의 반응을 보며 즐거운 시간을 보내게 되지요.
간단한 문장으로 아이와 교감하며,
아이가 새로운 음식을 먹어보는 소중한 순간을 더 적극적으로 즐겨보세요.

오늘의
단어 **How** [부사] 어떻게, 어떤

It's okay if you don't want to take a bath.

목욕 안 하고 싶어도 괜찮아.

아이들의 마음은 가끔 봄 날씨 같아요. 화창하다가도
쌩쌩 바람이 불기도 하는 변덕스러운 봄 날씨와 어쩜 그렇게 닮았을까요?
목욕을 너무 좋아하는 아이가 갑자기 목욕하는 것을 싫어하기도 하네요.
목욕이 필요해 보이더라도, 싫다는 아이를 억지로 욕조에 넣으면
너무 많이 울어서 그날 밤 잠을 못 잘 수도 있잖아요?
목욕을 안 해도 된다고 말할 때 이 표현을 함께 써보세요.

 오늘의 단어 **Bath · take a bath** [구동사] 목욕하다

I like it cold.
차갑게 먹는 거 좋아요.

Do you want me to heat it up a little bit?

살짝 더 데워줄까?

어떤 아이들은 음식 온도에 예민하기도 해요.
특히 쌀쌀한 날에는 음식을 데우는 일이 많아지죠.
음식이 다 데워지는 동안 아이가 기다리기 힘들어서 징징거릴 수 있는데요.
이럴 때 왜 시간이 걸리는지 '데우다'라는 표현 **heat up**을 사용해서 설명해주면 좋아요.

 오늘의
단어 **Heat up** [동사] 데우다

It's okay if you smell a little.

몸에서 조금 냄새가 나도 괜찮아.

따뜻한 물과 향기가 나는 거품으로 깨끗하게 목욕을 시켰어요.
깨끗하게 씻겼으니까 하루 종일 좋은 향기가 나면 얼마나 좋을까요?
그러나 바람과 다르게 씻고 향긋한 로션을 바르자마자 아이가 여러 번 응가를 할 때도 있어요.
응가 냄새까지 심하면 마음이 더 답답해질 수 있죠.
아이는 똑똑해서 엄마, 아빠의 표정과 감정을 쉽게 읽을 수 있어요.
냄새가 심하더라도 답답한 표정을 감춰보도록 해요.

오늘의 단어

A little [부사] 조금

Ouch! I burned my tongue!
아야! 혀를 데었어요.

Be careful, it's hot.
뜨거우니까 조심해.

부모님은 아이의 안전에 대해서 신경 쓸 것이 아주 많은데요.
특히 음식이 뜨거울 때 조심하게 되지요.
아이가 실수로 뜨거운 음식을 만지거나 맛보다가 다칠 수 있으니까요.
아이에게 뜨거운 음식에 대해 경고할 때
be careful 표현을 일상에서 매일매일 사용해보세요.

오늘의
단어

Careful [형용사] 조심하는

It's okay if you wet your diaper.

기저귀에 오줌을 싸도 괜찮아.

배변 훈련이 시작되면 아이는 예민해지기도 해요.
이 과정에서 어떤 아이는 실수로 대소변을 가리지 못했을 때 큰 죄책감을
느끼기도 한다고 해요. 아이는 아직 훈련 중이고 언제든지 실수를 할 수 있잖아요?
아이가 큰 죄책감을 느끼는 것을 엄마, 아빠도 원하지 않아요.
아이가 주눅이 들어 있다면 'It's okay if you wet your diaper.'라고 말해보세요.

오늘의
단어

Wet [동사] 적시다

What does it sound like?
어떤 소리 같아요?

Do you hear that?

밖에 무슨 소리가 들려?

아이와 같이 가만히 있자면 아이의 청력이 얼마나 좋은지 알게 돼요.
아주 작은 소리까지 잘 들리는지 항상 귀를 열심히 써서 두리번거리거든요.
아이와 함께 앉아서 주변 소리를 듣는 놀이를 하면 참 재미있답니다.
새소리, 기차 소리, 지나가는 발자국 소리와 같은 소리가
들릴 때마다 'Do you hear that?'라고 말해보세요.

오늘의
단어

Hear [동사] 듣다

It's okay if you get mud on your butt.

엉덩이에 흙이 묻어도 괜찮아.

집 밖으로 나가면 주변은 온통 구경거리가 돼요. 아기 때부터 야외에서
시간을 많이 보낸 아이는 앞으로도 계속 자연을 좋아하게 될 가능성이 높다고 해요.
발가락으로 잔디를 느껴보려고 하다가 넘어지는 일도 많을 거예요.
그런데 아이가 넘어졌을 때 엉덩이에 흙이 묻으면 어떻게 할까요?
더러워 보이긴 해도 흙은 그냥 흙이니까 너무 놀라지 않도록 해요.

 오늘의 단어 **Mud** [명사] 진흙

How about some country music?
컨트리음악 어때요?

What do you want to listen to?

무슨 음악을 듣고 싶어?

아이와 함께 다양한 장르의 음악을 듣는 건 커다란 즐거움입니다.
아이가 칭얼대거나 울음을 크게 터트린 상황에서 음악을 틀면,
쉽게 울음을 그치게 할 수 있답니다. 아이에게 음악세계를 소개할 때
'What do you want to listen to?' 표현부터 사용해보세요.
'How about some 장르 **music**(이 장르 음악은 어때)**?'**라고 말하며
더 다양하게 교감해볼 수 있어요.

오늘의
단어

Listen [동사] 듣다

It's okay if you get food on your cute face.

얼굴에 음식이 묻어도 괜찮아.

아이가 음식을 먹을 때 얼굴도 쉽게 더러워지곤 해요.
처음에는 열심히 입가를 닦아주려고 하지만 곧 의미 없는 행동임을 깨닫게 되지요.
잠시 뒤에 또 더러워지니까요. 아이가 밥을 다 먹을 때까지 기다리는 편이 나아요.
계속 아이 얼굴을 깨끗하게 닦으려고 하면 아이가 스트레스를 받을 수도 있으니까요.
'It's okay if you get food on your face.'라고 말하면서 그 순간을 즐기는 게 어떨까요?
'묻는다'는 표현을 get으로 말할 수 있답니다.

오늘의
단어
Cute [형용사] 귀여운

Can I wear red today?
빨간색 옷을 입어도 될까요?

What color do you want to wear today?

오늘은 어떤 색 옷을 입어볼까?

아이들에게 옷을 입히는 일은 생각보다 쉽지 않아요. 도망가거나 짜증을 내기도 하죠.
이럴 때 옷 색깔에 대해서 대화하면 좋아요. 가장 사랑스러운 목소리로
'What color do you want to wear today?'라고 질문해보세요.
재미있게 대화하다 보면 아이가 흥미를 느낄 가능성이 커지겠죠?

 오늘의
단어 **Wear** [동사] 입다

It's okay if you spill your juice.

주스를 흘려도 괜찮아.

예쁜 사진을 찍어주려고 깨끗하게 목욕도 시키고 귀여운 옷도 입혔는데,
이런, 아이가 음료수를 마시다 옷에 흘려버렸어요.
과자 부스러기는 털어버리면 되는데 옷에 물이 들면 속상하죠.
하지만 괜찮아요. 이런 일은 아이 키우는 과정에서 일어날 수밖에 없으니까요.
아이 잘못이 아니니까 휴지로 닦아주며 'It's okay if you spill your juice.'라고 말해봅니다.

 오늘의 단어 **Spill** [동사] 흘리다

The yellow butterfly is so cute!

저 노란 나비가 참 귀엽네!

Do you see the yellow butterfly?

노란 나비가 보여?

집 밖에서 아이와 함께 다양한 색깔을 탐구하며 놀 수 있어요.
차 색깔, 옷 색깔, 하늘 색깔, 신기하게 날아다니는 새나 나비 색깔도
재미있게 구경할 수 있지요.
'**Do you see the** 색깔 혹은 사물?'이라고 질문하고 아이의 반응을 살펴보세요.
색깔을 구별하기 시작하고 언젠가 제일 좋아하는 색깔도 영어로 대답할 수 있을 거예요.

 오늘의 단어 **Butterfly** [명사] 나비

It's okay if you don't want to eat.

안 먹고 싶어도 괜찮아.

아이는 음식에 흥미를 잃어버려서 먹지 않으려고 해요.
의자에 앉혀도 금방 내리고 싶다고 떼를 쓰기도 하죠.
열심히 음식을 준비한 엄마, 아빠는 속상하고 답답하겠지만 그래도 아이에게
억지로 음식을 먹여서 기분을 나쁘게 할 필요는 없지요.
다시 냉장고에 보관했다가 나중에 먹여도 되니까요.
아이에게 답답함을 표현하는 대신에 'It's okay if you don't want to eat.'라고 말해보세요.

오늘의
단어
Okay [형용사] 괜찮은

I love big hugs!
따뜻한 포옹은 최고죠!

How about a big hug?

크게 포옹해줄까?

엄마, 아빠의 따듯한 포옹은 아이가 느낄 수 있는 가장 사랑스러운 촉감이 아닐까요?
따듯하고 부드럽고 사랑이 가득한 포옹을 하면 아이와 부모님 모두 기분이
한껏 좋아지지요. 포옹해주기 전에 '**How about a big hug?**'라고 물어보세요.
나중에 아이가 이 말을 따라 하기 시작하면 마음이 너무 따뜻해져서 녹아버릴 거예요.

오늘의
단어

Hug [명사] 포옹

It's okay if you spit up your food.

음식을 토해버려도 괜찮아.

아이가 음식을 아주 맛있게 잘 먹는 모습을 보면 엄마, 아빠 배가 더 부르기도 해요.
그런데 몇 분 뒤에 아이가 음식을 다 토해버리면 어떻게 하죠?
이렇게 음식을 토하는 것을 **spit out**이라고 해요.
하지만 너무 크게 걱정할 필요는 없어요. 소화기관이
성인만큼 발달하지 않았기 때문에 일어나는 자연스러운 현상이랍니다.

 오늘의 단어 **Spit up** [구동사] 토하다, 게우다

**Yes. I need
a new diaper.**
네. 새 기저귀가 필요해요.

Is your diaper wet?

기저귀가 축축해?

아이들은 하루에 10번 이상 기저귀가 축축해진 것을 느끼죠.
기저귀를 확인할 때마다 만지기만 하지 말고 **'Is your diaper wet?'** 라고 한번 물어보세요.
이 말을 결국 이해하게 되고 언젠가 대답할 수 있을 거예요.

오늘의
단어 **Diaper** [명사] 기저귀

It's okay if you don't like bananas today.

오늘은 바나나를 싫어해도 괜찮아.

아이들의 입맛은 알다가도 모르겠어요.
어제까지만 해도 아주 좋아하던 음식을 오늘은 안 먹고 싶어 하기도 하니까요.
아이가 좋아하니 기쁜 마음으로 음식을 잔뜩 준비해두었다면 실망스럽기도 하겠지만
아이도 선호를 표현할 수 있는 자유가 있다는 것을 인정해야 해요.
아이에게 의사 표현을 해도 된다고 말할 때
'It's okay if you don't like 음식 today.'라고 말해볼 수 있어요

 Today [부사] 오늘

Is my grandpa here?

할아버지 오셨나요?

The doorbell just rang!
Is someone here?

벨소리가 울렸다! 누가 왔을까?

손님이 집에 자주 놀러 오면 아이는 벨소리가 어떤 의미인지 알게 돼요.
특히 아이에게 사랑을 많이 주시는 조부모님이 찾아올 때면, 벨소리가 울릴 때마다
아이가 좋아하겠죠? 벨소리가 울릴 때마다 'The doorbell just rang! Is someone here?'
라고 질문해보세요. 아이가 열심히 벨소리에 귀를 기울이고
방문객이 누구인지 골똘히 생각해보게 될 거예요.

 오늘의 단어 **Doorbell** [명사] 초인종

It's okay if you drop your snack.

과자를 떨어트려도 괜찮아.

스스로 과자를 먹는 아이의 작은 손과 오물거리는 입은 정말 사랑스러워요.
어떤 아이는 엄마, 아빠가 먹여주는 것이 싫어서 꼭 자기 손으로 먹고 싶다는 표현을
하기도 하지요. 하지만 자신감 넘치던 아이도 바닥에 과자를 떨어트리기도 해요.
바닥이 더럽지 않으면 문제가 없으니까 아이에게 'It's okay if you drop your snack.'이라고
해주세요. 바닥이 더럽다면 새로운 과자를 꺼내줄 수도 있겠죠.

 **Drop** [동사] 떨어트리다

Orange juice is sweet too.
오렌지주스도 달콤해요.

Oranges are sweet!

오렌지는 달콤해!

달콤하고 맛있는 과일을 오물거리며 먹는 아이 입은 너무나 귀엽죠.
세상의 다양한 음식을 하나씩 맛볼 때마다 아이는 완전히 새로운 세계를 만나게 돼요.
아이가 새로운 맛의 세계로 들어갈 때 그 맛과 관련된 표현을 써보세요.
오렌지뿐만 아니라 새콤달콤한 여러 과일을 먹을 때마다 응용해서 말할 수 있습니다.

오늘의
단어

Sweet [형용사] 달콤한

It's okay if you can't hold your bottle.

병을 제대로 못 잡아도 괜찮아.

엄마, 아빠의 도움이 없으면 아무것도 못 하던 아이에게
조금씩 스스로 할 수 있는 것이 생기기 시작해요.
그러나 가끔은 이상하게도 손이 잘 움직여지지 않는지 실수로 컵을 떨어뜨리기도 하고,
이것 때문에 울음이 터지기도 해요. 그래도 괜찮아요. 그럴 수 있으니까요.
스스로 잘할 수 있을 때까지 엄마, 아빠가 도와주면 되죠.

 오늘의 단어 **Hold** [동사] 들다

Can I have some more pears?
배 좀 더 먹어도 돼요?

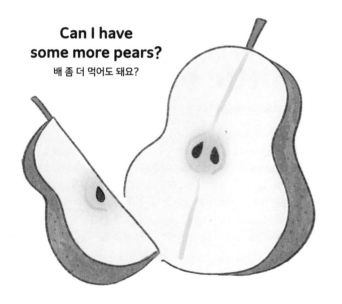

Pears are crunchy.

배는 사각사각해!

아이들은 과일을 먹을 때 귀여운 소리를 내요.
배나 사과 같은 사각사각한 것들 말이에요.
이 상황에서 **crunchy**라는 표현을 써볼 수 있습니다.
부드러운 음식부터 먹기 시작한 아이는 자라면서
좀 더 딱딱한 걸 먹게 되고 입맛도 점점 변화하게 되지요.

오늘의 단어

Pear [명사] 배

It's okay if you're not as fast as the other little ones.

다른 아이들보다 느려도 괜찮아.

다른 아이들을 만나면 나도 모르게 우리 아이와 성장 속도를 비교하게 돼요.
어떤 아이는 우리 아이보다 그림을 잘 그리고, 어떤 아이는 벌써 글자를 읽지요.
하지만 아이는 항상 엄마, 아빠의 반응을 열심히 읽으려고 하니까, 실망한 감정을 들키지 마세요.
조금 느리거나 빠를 뿐 잘하게 될 테니까요.
그러니까 너무 재촉하거나 조바심을 느낄 필요 없어요.
다른 아이보다 조금 느려도 괜찮다고 말해주세요.

 오늘의 단어   **Little one** [명사] 꼬마, 어린이

**I don't like
salty food.**
저 짠 음식을 안 좋아해요.

Crackers are salty.

크래커는 짜.

아이에게 짠 걸 많이 주면 안 되니까 조심하게 되지요.
과자를 먹기 시작하고 좀 더 다양한 간식을 맛볼 때쯤엔
살짝 짠 음식들도 소개해줄 수 있어요.
짠 음식에 대해서 말할 때 **salty**라고 표현할 수 있어요.

오늘의
단어 **Cracker** [명사] 크래커

It's okay if you need to crawl instead of walk.

걸음마 대신 기고 싶어도 괜찮아.

걸음마를 막 시작하는 아이는 너무 많이 넘어지는 바람에 체념하고 계속 기어 다니고
싶어 할 수도 있어요. 부모님은 아이의 걸음마를 빨리 보고 싶겠지만,
아이에게는 연습보다 그냥 시간이 필요할 수도 있어요.
당장 오늘 걸음을 떼지 못하더라도 걷는 건 시간 문제일 거예요.
눈 깜짝할 새 걷고 뛰는 아이들이니까요.
아이를 재촉하는 대신 격려의 말을 해보아요.
여기서 'instead of~'는 '~대신'이라는 뜻이에요.

 오늘의 단어 **Crawl** [동사] 기다

I don't like lemons.
저는 레몬이 싫어요.

Lemons are sour!

레몬은 셔!

아이가 처음으로 신 걸 먹을 때 아주 귀여운 표정을 많이 볼 수 있어요.
레몬이나 라임 같은 것 말이에요.
이런 신 과일을 먹는 순간은 아이에게도 아주 인상적인 경험이겠죠.
그래서 이럴 때 **sour**라는 표현을 소개해주면
아마 절대로 그 단어를 잊지 못할 거예요.

 **Lemon** [명사] 레몬

It's okay if you fall down.

넘어져도 괜찮아.

아이는 걸음마를 배울 때 자주 넘어져요. 자전거를 처음 배운 아이도 자주 넘어지죠.
실패하고 넘어지면 짜증이 나 울음을 터트리기도 해요.
이럴 때 위로해주는 말이 꼭 필요하겠죠?
아이가 100번 넘어져도 옆에서 응원하겠다는 메시지를 주도록 해요.
응원을 먹고 자란 아이는 실패의 두려움을 잘 헤쳐갈 수 있을 거예요.

오늘의
단어 **Fall down** [구동사] 넘어지다

It's so cold!
너무 춥네요!

The wind is cold.

바람이 차가워.

쌀쌀한 날씨에 아이와 집 밖으로 나가야 한다면 따뜻하게 입혀줘야 해요.
그런데 가끔 아무리 따뜻하게 입혀줘도 차가운 바람 때문에
아이의 얼굴이 시릴 수 있어요.
아이에게 바람이 차갑다고 말할 때 'The wind is cold.'라고 표현할 수 있습니다.

오늘의
단어
Wind [명사] 바람

It's okay if you can't fall asleep.

잠이 안 와도 괜찮아.

아이를 침대에 눕히자마자 바로 잠이 들면 참 좋겠지만,
가끔은 돌아서서 문을 닫자마자 잠에서 깨고 울음을 터트리곤 해요. 이럴 땐 참 답답해요!
꿈나라로 가는 길에 있는 줄 알았는데 말이에요.
그래도 답답함을 표현하지 말고 조금 더 놀아주도록 해요.
몇 분 더 놀아주면 아이가 금방 피곤해질 수 있으니까요.

 오늘의 단어 **Fall asleep** [구동사] 잠들다

A beanie will keep your head warm.

비니를 쓰면 머리가 따뜻할 거야.

쌀쌀한 날씨에 가장 중요한 건 따뜻함을 유지하는 거죠.
그래서 쉽게 추위를 탈 수 있는 아이의 머리에 모자를 씌워주게 되는데요.
이럴 때 'keep your 신체 부위 warm.'이라는 표현을 써보세요.
Keep을 사용해서 '유지한다'는 의미를 더 살릴 수 있어요.

This beanie is too big for me.
이 비니는 저한테 너무 커요.

오늘의 단어 **Beanie** [명사] 비니 (머리에 딱 맞는 둥근 모자)

It's okay if you want to go to bed early.

일찍 자러 가도 괜찮아.

아이를 키울 때 음식만큼 신경을 많이 쓰게 되는 일이 바로 수면 습관인 것 같아요.
아이에게 규칙적인 수면 습관이 생기면, 아이도 행복하고 엄마, 아빠도 행복해지죠.
모두가 깊은 수면을 취하고 에너지가 생기니까 말이에요.
그런데 아이가 급격하게 성장하는 시기에는 평소보다 에너지를
많이 써서 더 일찍 자고 싶어 할 수도 있어요.
이럴 때 아이 생체 리듬에 맞춰서 일찍 재워주며 이 표현을 사용해볼 수 있습니다.

오늘의
단어 **Early** [부사] 일찍

**Stop
tickling me!**
간지럽히지 마요!

Are your feet ticklish?

너 발에 간지럼 타니?

어떤 아이는 다른 아이보다 간지럼을 더 잘 타요.
간질간질 손을 움직이는 것만으로도 한바탕 웃음이 터지는 아이도 있지요.
아이의 발바닥을 간지럽히기 직전에 **'Are your feet ticklish?'** 하고 물어보세요.
아이가 간지럼을 타면 함께 크게 웃으며 재미있는 시간을 보낼 수 있어요.

 오늘의
단어 **Feet** [명사] 발

It's okay if you're tired.

피곤해도 괜찮아.

아이는 잠이 얼마나 중요한지 몰라서,
피곤해도 잠들지 않으려고 하거나 잠투정을 부려요.
소리를 지르고 짜증을 내기도 하지요.
잠투정이 더 심해지기 전에, 잠들어도 괜찮다고 달래며 아이를 재워보도록 해요.

 오늘의 단어 **Tired** [형용사] 피곤한

**Please scratch
my ear.**
제 귀 좀 긁어주세요.

Do your ears itch?

귀가 가려워?

부드럽고 깨끗해 보이는 아이의 피부도 문제가 생기면 가려워질 수 있어요.
아이가 몸 어딘가를 가려워하면 'Do · Does your 신체 부위 itch?' 하고 물어보세요.
가려움을 해결하기 위해 '긁다', 즉 scratch라는 동사를 사용할 수 있어요.
특히 아이들은 귀에 문제가 생기는 경우가 많아요.
자꾸 귀를 긁으려고 할 때 이 표현으로 확인할 수 있어요.

오늘의
단어
Ear [명사] 귀

***

아이를 키우다 보면 가끔은 조바심이 들곤 해요.
다른 아이들보다 말문이 늦게 트일 때, 친구들보다 키나 체구가 작을 때는 괜히 속상해지기도 하지요.

하지만 모든 아이는 저마다 성장 속도가 있는 법이에요.
어떤 분야에서 성장이 더디더라도 다른 분야에서 멋진 능력을 보이기도 해요.
우리 엄마, 아빠가 모든 분야에서 최고가 되지 못하는 것처럼, 아이도 마찬가지가 아닐까요?
오히려 아이니까 넘어지고 실패하는 일을 더 마음 편하게 해볼 수 있도록 해야죠.
그것이 어린아이들의 특권이니까요.
이번 달에는 우리 아이를 따뜻하게 격려하는 표현을 담아봤어요.

**Ice helps
my sore gums.**
아픈 잇몸에 얼음이 도움 돼요.

Ice is very hard.

얼음은 아주 딱딱해.

이앓이를 해서 우는 아이에게 차가운 얼음을 주면 좋아할 수 있어요.
시원함이 아픈 잇몸을 진정시키는 데 도움이 되나 봐요.
얼음을 만지며 신기해하는 아이와 얼음의 촉감에 대해 대화를 해보세요.
차갑고 매끌매끌하고 또 어떨 땐 손에 살짝 달라붙기도 하는
얼음의 촉감을 함께 느껴보아요.

 오늘의
단어

Hard [형용사] 단단한, 딱딱한

OCTOBER

* ENCOURAGEMENT *

자기만의 속도가 있어요

10월

마음 편하게
해볼 수 있도록
엄마, 아빠가
응원해줄게요

Can I eat it now?
이제 먹어도 돼요?

I'll let your food cool down.

살짝 식혀줄게.

갓 요리한 음식은 맛이 있지만 아이가 먹기에는 너무 뜨거울 수 있어요.
얼른 맛보고 싶지만 조금 기다리며 참는 시간이 필요해요.
뜨거운 음식을 식힐 때 아이에게 **'I'll let your food cool down.'**이라고 해보세요.
언젠가 문장을 이해하고 알맞게 식을 때까지 참을성 있게 기다려줄 거예요.

오늘의
단어   **Food** [명사] 음식

Can I have more cookies?
쿠키 더 먹어도 돼요?

This cookie is round.

이 쿠키는 동글동글하네.

아이들은 맛있는 간식을 먹을 때 음식의 맛뿐만 아니라
모양도 열심히 탐구한다고 해요.
동물 모양, 별 모양, 사람 모양, 동글동글 둥근 모양의 쿠키는 아이들의 호기심을
자극하지요. 음식 혹은 다른 물건의 모양에 대해서 말할 때
동글동글하다는 뜻의 **round** 같은 단어를 사용해보세요.

오늘의
단어 **Round** [형용사] 동그란

I'll be careful.
조심할게요.

Watch out for the other kids.

다른 아이들을 조심하렴.

날씨가 좋으면 놀이터에 놀러 나오는 아이들이 많아져요.
아이들이 너무 많으면 서로 부딪쳐서 넘어지기도 하지요.
이렇게 위험하고 정신없는 상황에서는
'Watch out for _____(_____를 조심하다).'를 사용할 수 있어요.
놀이터가 아니라 다른 곳에서도 유용하게 쓸 수 있는 표현입니다.
주차장에 있을 때는 'Watch out for the cars.'라고 할 수 있겠죠?

오늘의
단어

Watch out [구동사] 조심해

It's very tiny.
정말 작네요!

This snack is so tiny.

이 과자 정말 조그맣다.

어떤 아이들의 시력은 엄청 좋아서
어른의 눈에는 거의 안 보이는 것들도 곧잘 보곤 한다고 해요.
엄청 작은 것들에 대해서 말할 때 형용사 **tiny**를 쓸 수 있어요.
Small보다 더 아기자기한 느낌이 있어요.

오늘의
단어

Tiny [형용사] 조그마한

Do you like it?
마음에 들어요?

Did you build a sandcastle?

모래성을 만들었니?

모래 놀이장에서는 모래로 뭐든지 만들며 창의력을 발휘할 수 있어요.
가장 쉽고 간단한 놀이는 모래성 만들기일 거예요.
모래성을 만들었다가 부수기를 반복하다 보면 아이의 실력이 점점 좋아져서,
더 크고 멋진 모래성이 탄생하기도 하지요. 한국말로 모래성을 '만든다.'라고 하니까
make(만들다)를 쓴다고 생각할 수도 있지만 **build**(짓다)를 써서 말해야 자연스럽습니다.

오늘의
단어   **Build** [동사] 만들다

APRIL

* FEELINGS *

감정을 표현해 공감 능력을 키워요

4월

감정적 공감을
받은 아이는
스스로 잘 표현하고
다룰 수 있어요

**Can I
have a shovel?**
삽 주실 수 있나요?

Do you want to play in the sandbox?

모래 놀이장에서 놀고 싶어?

어떤 놀이터에 가면 모래놀이를 할 수 있도록
따로 모래만 모아놓은 모래 놀이장이 있어요.
그곳에서 아이들은 삽으로 놀 수도 있고 모래성(sandcastle)을 쌓을 수도 있지요.
모래 놀이장에서 노는 건 **play in the sandbox**라고 해요.
모래 놀이장 '안'에서 놀기 때문에 **in**을 꼭 넣어 말해야 해요.

오늘의
단어

Sandcastle [명사] 모래성

***

아이는 성장하면서 다양한 감정을 느끼기 시작해요.

소중한 우리 아이가 매일 행복하고 즐거운 감정만 느낀다면 좋겠지만, 어떤 날에는 불편하거나 부정적인 감정을 느끼기도 하겠죠.

아이가 어떤 감정을 느끼든, 그 감정을 공감해주는 것이 아주 중요하다고 합니다.

부모에게 자주 감정적 공감을 받은 아이는 스스로 감정을 능숙하게 표현하거나 다룰 수 있게 되고,

심지어 타인에 대한 감정적 공감 능력도 키워나갈 수 있으니까요.

이번 달은 아이의 다양한 감정에 공감하는 표현으로 구성했습니다.

이번 달에 익혀볼 문장들에 공통으로 들어 있는 must be는 상대방의 감정을 짐작하고 공감할 때 쓰는 유용한 표현이에요.

아이가 처한 상황에서 느끼는 다양한 감정을, 영어로는 어떻게 표현할 수 있는지 부모님이 옆에서 공감하며 도와줘 보세요.

Is it my turn?
제 차례라고요?

Honey, it's your turn to go down the slide.

애야, 네가 미끄럼틀을 탈 차례야.

아이는 다른 아이들과 놀면서 순서에 대한 예절을 조금씩 몸에 익히게 돼요.
하지만 익숙해지기까지 곁에서 알려주고 고쳐주는 시간이 필요하지요.
가끔 아이는 미끄럼틀을 타는 순서가 와도 모를 때가 있는데요.
이럴 때는 '**It's your turn to go down the slide.**'라고 말해줄 수 있어요.
자기 차례를 맞은 아이는 얼마나 기쁠까요!

 오늘의
단어 **Honey** (애정 표현) 아가

I'm very sulky!
삐졌어요!

You must be sulky.

우리 아이가 삐졌구나.

아이들은 감정을 표현하기 힘들어서 쉽게 삐지곤 해요.
계단에 올라가는 것과 같은 위험한 행동을 안전상의 이유로 제지하더라도,
아이는 기분이 나빠져서 토라지기도 해요.
이렇게 가볍게 토라지는 감정은 **sulky**라고 할 수 있어요.

 Sulky [형용사] 삐진

Just one more minute!

1분 더 탈래요!

Let the other kids play on the swing.

다른 아이들도 그네를 탈 수 있게 해주자.

아이가 놀이기구에 집중한 나머지 시간이 가는 줄 모르기도 해요. 그런데 너무 열심히 타다 보면 그 놀이기구를 타고 싶은 다른 아이들이 오래 기다려야 할 수도 있어요. 함께 즐겁게 노는 장소니까, 다른 아이들도 탈 수 있도록 배려하는 방법을 알려주면 좋지요. 이럴 때는 'Let the other kids play on the swing.'이라고 말할 수 있습니다. 여기서 **let**은 '~를 하게 해줘.'라는 뜻이에요.

오늘의 단어

Kid [명사] 아이

I'm very crabby.
기분 안 좋아요.

You must be crabby.

우리 아이가 기분이 안 좋구나.

아이들은 특히 피곤해지면 기분이 안 좋아져서 징징거리죠.
이런 상황을 영어로는 **crabby**라고 해요.
잠투정을 하는 아이에게 딱 쓰기 좋은 표현이죠.
아이가 한숨 푹 자고 일어나 얼른 기분이 좋아지면 좋겠네요.
Crab(게)과 닮은 표현이지만 게와는 전혀 상관이 없답니다.

오늘의
단어   **Crabby** [형용사] 기분이 안 좋은

**Okay.
I'll wait my turn.**
네. 제 차례가 올 때까지
기다릴게요.

Wait your turn.

네 차례가 될 때까지 기다려.

놀이기구를 재미있게 타고 노는 것도 좋지만,
다른 아이들을 배려하는 법도 배워야 해요.
놀이기구 타는 순서와 같은 기본 예절을 부모님이 빨리 알려주지 않으면,
아이들이 싸우게 될 수도 있어요. 만약 아이가 새치기하는 상황이 생기면
'Wait your turn(네 차례까지 기다려)**.'**라고 말해주도록 해요.

오늘의
단어 **Turn** [명사] 차례

**I'm
very cheerful.**
기뻐요.

You must be cheerful.

우리 아이가 기쁘겠구나.

아이가 기쁘면 엄마, 아빠의 마음도 기뻐지지요.
아이가 기쁜 감정을 느끼면 부모님의 머릿속에 있는 복잡한 생각도 싹 사라져 버리죠.
아이의 기쁜 미소를 볼 때마다 **cheerful**이라는 표현을 써보세요.
아이의 미소가 순식간에 퍼져나가는 놀라운 일이 일어날지 몰라요.

오늘의
단어

Cheerful [형용사] 기쁜

I'm trying to do my best!
최선을 다하고 있어요!

You're so strong!

너 힘 진짜 세다!

놀이터에 갈 때마다 아이 근육이 점점 발달해서 탈 수 있는 놀이기구도,
즐기는 방법도 조금씩 늘어나지요.
더 재미있고 신나게 놀 수 있게 돼요.
엄마, 아빠도 눈치채지 못하는 사이에 아이의 힘이 강해져서 깜짝 놀라기도 하지요.
이럴 때 아이에게 칭찬해주는 것이 좋아요.
'You're so strong!' 하고 말이에요.

오늘의 단어 **Strong** [형용사] 센

I'm very happy.
행복해요.

You must be happy.

우리 아이가 행복하구나.

잠을 충분히 자거나 배가 부르면 아이의 기분이 아주 좋아져요.
가끔은 아무 이유 없이 기분 좋아할 때도 있죠.
아이가 행복해하면 부모님도, 주변 형제들도, 할머니와 할아버지까지도 모두 행복해져요.
아이에게 행복한 목소리로 'You must be happy.'라고 말해보세요.
그리고 아이랑 같이 노래를 부르거나 아이가 좋아하는 놀이를 함께 해보세요.

오늘의 단어   **Happy** [형용사] 행복한

Yes! Please catch me!
네! 절 잡아주세요!

Do you want me to catch you?

잡아줄까?

아이가 놀이기구에서 떨어질까 봐 걱정스러울 때도 있어요.
아이의 안전을 염려하며 떨어지려는 아이를 붙잡아 주고 싶어지기도 하죠.
하지만 아이는 엄마, 아빠 도움 없이 바닥에 착지하고 싶어 할 수도 있어요.
함부로 도와주려 하기 전에 허락을 구하는 것이 좋아요.
이럴 때는 'Do you want me to catch you?'라고 물어볼 수 있어요.

 오늘의 단어 **Catch** [동사] 잡다

I'm very proud of myself.
뿌듯해요.

You must be proud of yourself.

우리 아이가 뿌듯하겠구나.

저희 아이 체리는 처음으로 도움 없이 혼자 걸었을 때,
너무 신나서 웃음을 터트려 버렸어요.
오랫동안 실패만 하다가 성공하여 뿌듯함에 견딜 수가 없었나 봐요.
아이가 뿌듯해하면, 그 감정을 눈빛만 봐도 읽을 수 있지요.
이 '뿌듯한' 감정을 **be proud of oneself**라고 해요.
그냥 **proud**라고 하면 '자랑스럽다.'라는 뜻인데 **of oneself**를 추가하면
자기가 해낸 것에 대해서 '뿌듯하게' 생각한다는 뜻이 되죠.

 오늘의 단어   **Proud** [형용사] 뿌듯한

Is this how you do it?
이렇게 하는 거예요?

Grab the next bar and hold on tight.

그다음 철봉을 꽉 잡아봐.

구름사다리는 **monkey bars**라고 해요.
일렬로 놓인 봉(**bar**)을 하나씩 하나씩 잡으면서 앞으로 나아가야 하죠.
이 과정을 아이에게 알려주면서 함께 놀 수 있어요.
'Grab the next bar and hold on tight(그다음 철봉을 꽉 잡아봐).'라고 말이에요.

오늘의
단어 **Next** [형용사] 그다음

**I'm
very worn out.**
완전히 지쳐버렸어요.

You must be worn out.

우리 아이가 완전히 지쳐버렸구나.

아이가 하루 종일 열심히 먹고 놀다 보면, 저녁쯤에는 매우 지친 상태가 되어 있어요.
특히 긴 시간 동안 외출을 하고 집에 돌아오면,
완전히 지쳐버려서 기절하듯이 잠에 곯아떨어지곤 하죠.
이런 상태를 영어로 'worn out'이라고 해요.
신나게 논 다음 지쳐 잠에 빠진 아이를 보며 'You must be worn out.'이라고 해보세요.

오늘의
단어   **Worn out** [형용사] 지쳐버린

That looks really hard!
정말 어려워 보이는데요.

Do you want to climb across the monkey bars?

구름사다리를 타고 싶어?

아이에게 힘이 생길수록, 놀이터에서 더 도전적인 걸 하려고 해요.
두 팔로 몸무게를 지탱하며 앞으로 나아가는 구름사다리(**monkey bars**)는 타기 쉽지 않지만,
아이는 힘이 충분하지 않아도 시도하고 싶어 하죠.
구름사다리를 탈 때는 한쪽에서 다른 한쪽으로 가야 하는데
이를 표현할 때 **climb across**를 쓸 수 있어요.

오늘의
단어
Across [부사] 건너

I'm getting very sleepy.
졸려요.

You must be getting sleepy.

우리 아이가 졸리겠구나.

아이가 졸린 눈을 깜빡이는 모습은 정말 사랑스러워요.
움직임이 점점 느려지고 눈이 감기기 시작하면, 아이가 잘 수 있도록 서둘러 준비해야 하죠.
졸음이 오는 상태를 **getting sleepy**(졸리다)라고 해요.
눈꺼풀이 무거워 졸기 시작하는 아이를 꼭 안아주고 귀에 이렇게 속삭여보세요.

 오늘의
단어 **Sleepy** [형용사] 졸린

I stopped!
제가 멈췄어요!

Put your feet on the ground to stop.

멈추려면 땅에 발을 디뎌봐.

앞으로 뒤로 속도 내 움직이는 그네를 멈추려면 생각보다 요령이 필요해요.
아이에게 그네를 멈추는 방법도 잘 알려줘야겠죠?
그네를 멈추게 하는 법을 영어로 말해주는 것도 생각보다 어렵지 않아요.
'Put your feet on the ground(발을 바닥에 놔봐).'라고 하면 되거든요.
아이가 이 단계까지 할 수 있으면 그네를 정복했다는 뜻이겠죠?

오늘의 단어 **Ground** [명사] 바닥

I'm very lonely.
너무 외로워요.

You must be lonely.

우리 아이가 외롭나 보네.

타인의 얼굴을 조금씩 인식하고 친구 개념이 생기기 시작한 아이들은,
친구들을 보고 싶어 할 수도 있고 외로움을 느끼게 될 수도 있겠죠.
가끔은 엄마, 아빠나 강아지가 가까이 있어도 외로운 표정을 짓기도 해요.
이럴 때 'You must be lonely.'라고 말해보면서,
외로움을 느끼지 않도록 따뜻하게 안아주면 어떨까요?

오늘의
단어 **Lonely** [형용사] 외로운

Am I doing it right?
나 제대로 하는 거예요?

Bend your knees and push forward on the chains.

무릎을 굽히고 체인을 밀어봐.

그네에 탄 몸이 뒤로 가면 앞으로 다시 나아갈 추진력을 얻기 위해서
무릎을 굽히고 체인을 밀지요. 이 단계를 영어로
'Bend your knees and push forward on the chains'라고 할 수 있어요.
놀이기구를 타는 방법을 외국어로 묘사하기가 쉽진 않지만,
여러 번 놀며 대화하다 보면 아이도 엄마, 아빠도 점점 익숙해질 거예요.

오늘의
단어
Knee [명사] 무릎

I'm
very scared.
무서워요.

You must be scared.

우리 아이가 무서웠나 보네.

가끔 아이들은 낮은 목소리나 낯선 소리를 들으면
바로 겁을 집어먹고 무서워서 울곤 해요.
저희 아이 체리는 돼지 소리를 무서워해서,
꿀꿀 소리만 들으면 겁에 질려 울음을 터트렸답니다.
이럴 때 'You must be scared.'라고 말하며 아이를 꼭 안아주세요.

한 걸음 더 많은 사람들이 scared와 scary 차이를 구별하기 어려워하는데요,
scared는 '겁먹은' 상태를 의미하고 scary는 '무서운'이라는 뜻이에요.
무서운 영화를 말할 때는 scared movie가 아니라 scary movie라고 해요.

오늘의
단어 **Scared** [형용사] 무서운

Like this?
이렇게요?

Straighten your legs and pull back on the chains.

다리를 쫙 펴고 체인을 당겨봐.

아이는 어느 순간부터 혼자 그네를 타고 싶어 해요. 뒤에서 밀어주는 것 없이요.
아이에게 그네 타는 방법을 잘 설명해줘야 하지요.
그네를 혼자 탈 때는 다리를 펴고 체인을 뒤로 당겨야 하는데요.
이 행동을 쉽게 말하려면 'Straighten your legs and pull back on the chains.'라고 할 수 있어요.
몇 번 아이에게 알려주면 아이도 금방 따라 하기 시작하죠.

오늘의
단어 **Chain** [명사] 체인

I'm very hungry.
배고파요.

You must be hungry.

우리 아이가 배고픈가 보네.

아이들은 자라면서 점점 어른들의 음식에 관심을 가지기 시작해요.
그래서 어떨 때는 아이 앞에서 몰래 간식을 먹는 것도 힘들어지죠.
그 간식을 보고 아이도 같이 먹고 싶다고 떼를 쓰기도 하니까요.
이럴 때 'You must be hungry.'라고 하면서 아이에게 안전한 과자를 꺼내주세요.

오늘의 단어	**Hungry** [형용사] 배고픈

**I think
I'm going to
fall down.**
저 넘어질 것 같아요.

Can you keep your balance on this?

여기 위에서 균형 잡을 수 있어?

놀이터에는 생각보다 도전적인 놀이기구가 많아요.
특히 균형을 유지해야 하는 기구들 말이에요.
중심을 잡기가 어렵긴 해도 균형 발달에 큰 도움이 될 수 있지요.
균형을 유지하는 건 keep one's balance라고 해요.
아이에게 'Can you keep your balance on this?' 하고 물어볼 수 있어요.

오늘의
단어 **Balance** [명사] 중심

I want to go home.
저 집에 갈래요.

Are you ready to go home now?

집에 갈 준비 다 됐니?

힘이 넘치던 아이들도 놀이터에서 신나게 놀다 보면 지치게 돼요.
이럴 때 아이에게 가서 'Are you ready to go home now?'라고 물어볼 수 있습니다.
이 질문이 떨어지자마자 아이들은 확실히 자기 의사를 밝힐 거예요.
집에 가기 싫다면 좋아하는 놀이기구로 뛰어가겠죠?
피곤해졌다면 천천히 엄마와 아빠 품에 안기려고 할 거예요.

오늘의 단어

Home [명사] 집

I'm very thirsty.
목이 말라요.

You must be thirsty.

우리 아이가 목마르나 보네.

과자를 먹으면 누구나 목이 마르죠. 아이도 마찬가지예요.
그런데 문제는 아이는 목이 마르다는 걸 말로 잘 표현하지 못해요.
엄마, 아빠가 아이 목이 마른지 수시로 확인해야 하지요.
중간중간 아이의 상태를 확인하며 따뜻한 물이나 보리차를 내밀면서,
이 문장을 함께 써보세요.

오늘의
단어
Thirsty [형용사] 목마른

**I did it
all by myself!**
나 도움 없이 해냈어!

You went down the slide all by yourself!

혼자서 미끄럼틀을 탔네!

처음에는 엄마와 아빠가 아이와 함께 놀이기구를 타주지만,
어느 날부터는 아이 혼자 놀이기구를 타기 시작하지요.
그런 아이의 모습을 보고 있자면 엄마, 아빠는 자랑스러움을 느끼죠.
'도움 없이' '혼자서'라는 표현을 할 때는 **'all by yourself'**라고 할 수 있어요.

오늘의
단어
Slide [명사] 미끄럼틀

I'm very groggy.
찌뿌듯해요.

You must be groggy.

우리 아이가 찌뿌듯하구나.

잠을 자고 나서도, 충분히 안 잤거나 너무 많이 잤을 때는
개운한 기분을 느끼기 어려워요. 오히려 어지럽고 여전히 피곤한 기분이 들곤 하죠.
몸이 무겁고 찌뿌듯한 느낌을 영어로는 **groggy**라고 해요.
잠을 자고 나서도 기분이 별로 좋지 않은 표정으로 넋이 나간 아이에게
'You must be groggy.'라고 해보세요.

 오늘의
단어 **Groggy** [형용사] 찌뿌듯한

What about that one?
저건 어때요?

I don't think you're ready for this one yet.

이 놀이기구는 너에게 위험해 보여.

놀이터에는 작은 아이를 위한 놀이기구도 있고, 좀 큰 아이를 위한 놀이기구도 있어요.
하지만 몸집이 작은 아이들은 겁 없이 위험한 놀이기구에
호기심을 보이며 달려가기도 하지요.
이런 때 아이 손을 잡고 'I don't think you're ready for this one yet'라고 말해보세요.
아이가 짜증을 내거나 울 수도 있지만, 다치는 것보다는 나아요.

오늘의 단어 **Ready** [형용사] 준비된

I'm very embarrassed.
창피해요.

You must be embarrassed.

우리 아이가 창피하구나.

아이들은 크면서 점점 성격이 드러나는데
어떤 아이는 다른 아이들보다 창피함을 더 많이 느끼기도 해요.
다른 아이들 앞에서 얼마나 잘 걷는지 자랑하려다가 넘어지면
얼굴이 빨개져서 울기도 하죠.
이럴 때 아이에게 'You must be embarrassed.'라고 말하고 바로 안아주세요.

오늘의
단어

Embarrassed [형용사] 창피한

This is so much fun!
엄청 재미있겠어요!

Do you want me to go down the slide with you?

미끄럼틀을 같이 타줄까?

미끄럼틀을 처음 탈 땐 두려움을 느끼기도 해요.
아이가 익숙해질 때까지 엄마, 아빠가 함께 타주기도 하지요.
'미끄럼틀을 타다'는 영어로 go down the slide라고 해요.
아이가 미끄럼틀 앞에서 긴장한 것처럼 보이면
바로 'Do you want me to go down the slide with you?'라고 물어보세요.

오늘의
단어

Go down [구동사] 내려가다

I feel very refreshed.

상쾌해요.

You must feel refreshed.

우리 아이가 상쾌하구나.

아이가 푹 자고 일어나면 기분이 아주 상쾌해지죠.
잘 자서 피부가 더 좋아 보이고 눈도 반짝거리면 얼마나 예쁜지요.
'상쾌하다.'라고 표현할 때 **feel refreshed**를 쓸 수 있어요.
이 표현은 **groggy**와 상반되는 말이죠.
잘 자고 기분 좋은 아이에게 이 표현을 쓰면서 숙면의 기쁨을 나눠보세요.

 오늘의
단어 **Refreshed** [형용사] 상쾌한

Help me!
도와주세요!

Do you want to get down from there?

거기서 내려오고 싶어?

아이가 놀이기구에서 내려오고 싶어 하네요. 내려오는 걸 **get down**이라고 해요
미국 놀이터에서도 높은 곳에 올라가는 아이에게 부모님이 큰 목소리로
'**Get down from there!**'라고 말하는 걸 쉽게 들을 수 있어요.
아이가 높은 곳에 올라갔다가 내려오기 힘들어하면,
'**Do you want to get down from there?**' 하고 물어보세요.
도움이 필요하다고 하면 손을 내밀어줄 수 있겠네요.

오늘의
단어 **From there** [표현] 거기서

I'm very cold.
추워요.

You must be cold.

우리 아이가 춥겠구나.

아이랑 같이 장 보러 가는 건 아주 재미있어요.
하지만 아이와 함께 채소나 냉동 음식이 있는 진열대 곁에 가게 되면,
냉장고에서 나오는 냉기 때문에 아이가 추워하기도 해요.
아이는 추위를 느껴도 표현하지 못할 수도 있어요.
아이가 추워하는 것을 알아차렸다면 'You must be cold.'라고 말하며
바로 따뜻한 옷을 덮어주세요. 따뜻한 포옹도 큰 도움이 되겠죠.

오늘의
단어
Cold [형용사] **추운**

Look what I can do!
제가 뭘 할 수 있는지 보세요!

Look at you!

대단하구나!

놀이터에서 노는 아이를 보면 자주 놀라게 돼요.
집에서 볼 수 없었던 아이의 새로운 기술들을 보게 되기도 하니까요.
그네를 너무 잘 타거나, 자신의 몸무게를 지탱하며 구름사다리를 건널 때,
대견한 마음에 박수가 절로 나오기도 해요.
이런 때 아이에게 'Look at you!' 같은 칭찬을 해주면 아주 좋아요.
'와! 너 정말 대단하다!'라고 이야기해주는 거죠!

오늘의
단어

Look [동사] 보다

I'm very hot.
너무 더워요.

You must be hot.

우리 아이가 덥겠구나.

아이 몸은 너무 작아서 체온이 아주 쉽게 변할 수 있어요.
쉽게 추워지는 만큼 금방 더워질 수도 있지요.
여름에는 중간중간 아이의 체온을 손으로라도 대충 느껴보면 좋아요.
아이의 작은 등이 땀으로 젖어 있으면, 'You must be hot.'이라고 말하며
더 가벼운 옷으로 갈아입혀 보세요.

오늘의
단어

Hot [형용사] 더운

I can climb it on my own.
도움 없이 할 수 있어요.

Do you want me to help you climb the ladder?

사다리에 올라가게 도와줄까?

아이들이 놀이기구에 올라가려고 하면 엄마, 아빠는 쉽게 긴장해요.
혹시나 떨어져서 다칠 수도 있으니까요.
그래도 지나치게 위험해 보이지 않는다면, 바로 제지하지 않으려고 해요.
안전하게 기구를 느껴보고 탈 수 있도록 옆에서 잘 지켜보지요.
특히 사다리 같은 놀이기구를 탈 때 처음 얼마간은 도움이 필요하겠지만,
곧 혼자 척척 올라가게 되지요.

오늘의 단어 **Ladder** [명사] 사다리

I'm very excited.
너무 신나요.

You must be excited.

우리 아이 신났네.

아이들은 입맛에 맞는 간식만 봐도 매우 신나 보이죠.
너무 신나서 웃기도 하고 입맛을 다시기도 해요.
신나는 아이의 표정과 목소리를 들으며 간식을 준비하다 보면
엄마, 아빠의 마음까지 덩달아 신이 나요.
신이 난 아이에게 간식을 내밀며 'You must be excited.'라고 말해보세요.

오늘의
단어

Excited [형용사] 신난

I will!
그렇게 할게요!

Hold on tight!

꽉 잡아!

재미있게 노는 것도 좋지만 아이들의 안전이 무엇보다 가장 중요하죠.
아이가 그네, 회전목마, 혹은 시소를 탈 때 '꽉 잡아.'라고 말해요.
영어로는 **'Hold on tight.'** 인데 아주 유용한 표현이니까 자주 쓰게 돼요.
놀이기구를 꽉 잡은 두 손은 너무나 귀여우면서도 어딘지 대견해 보이기도 해요.

오늘의
단어

Tight [부사] 단단히, 꽉

I'm very jealous.
질투 나요.

You must be jealous.

우리 아이가 질투가 났구나.

아이는 다른 사람의 음식을 탐내고 질투심을 느끼기도 해요.
저희 아이 체리 앞에서 혼자 비스킷을 꺼내 먹다가,
질투 난 귀여운 표정을 보게 되곤 했죠.
딱 이 순간에 'You must be jealous.'라고 해보세요.
그리고 아이가 먹을 수 있는 과자를 꺼내주면 아이 기분이 금방 좋아지겠죠!

오늘의 단어	**Jealous** [형용사] 질투가 난

Yes, I'm scared!
네, 무서워요!

Do you want me to slow down?

더 천천히 할까?

놀이터에서 쓰는 다양한 표현 중에, 가장 중요한 표현은 **slow down**인 것 같아요.
어떤 놀이기구를 타든, 속도가 위험할 정도로 빨라지면 이 표현을 꼭 써야 하니까요.
어른은 속도가 빠르지 않다고 느껴도, 아이는 엄청 빠르게 느낄 수 있기 때문에
중간중간 아이에게 '**Do you want me to slow down?**' 하고 물어보는 것이 좋아요.

오늘의 단어 **Slow down** [구동사] 더 천천히 하다

I'm very curious.
궁금해요.

You must be curious.

우리 아이가 궁금한가 보구나.

아이는 항상 주변을 관찰하는 것 같아요. 집 안에만 있으면 금방 지루해하죠.
아이에게 새로운 자극을 주기 위해 가끔 교외로 나가는데요,
새로운 건물이나 동물을 발견하고 호기심 가득한 아이의 표정을 보기도 해요.
아이가 호기심을 보일 때 이 표현을 써보세요.
아이가 관심을 보이는 사물에 대한 대화를 즐겁게 시작해볼 수도 있겠죠.

오늘의
단어 **Curious** [형용사] 궁금한

A little bit.
조금요.

Are you dizzy?

어지럽니?

아이가 **merry-go-round** 같은 놀이기구를 너무 열심히 타면,
어지러워서 내릴 때 넘어지기도 해요.
아이를 바로 안아줄 수 있도록 준비해야 하지요.
여기서 '어지럽다'는 **dizzy**라고 해요. 아이가 갑자기 제대로 걷지 못하고
어지러워하는 것 같으면 바로 **'Are you dizzy?'** 하고 물어보세요.

오늘의
단어 **Dizzy** [형용사] 어지러운

I'm very thrilled.
너무 흥분돼요.

You must be thrilled.

우리 아이가 흥분되는구나.

퇴근하고 집에 돌아와 현관문을 열면,
아이는 너무 신나서 부모님에게 바로 달려가 안기고 싶어 해요.
아이와 재회하는 벅찬 기분은 말로 표현하기 참 힘들 정도지요.
신이 나서 소리를 지르는 아이의 감정은 excited(신난다)보다 훨씬 강한 감정일 거예요.
그래서 이럴 때는 thrilled 표현을 쓰는 게 적합합니다.
아이를 품에 안으며 이렇게 말해보세요.

오늘의
단어

Thrilled [형용사] 흥분한

Yes, but not too fast.
네, 그런데 너무 빠르게 말고요.

Do you want me to spin the merry-go-round for you?

뱅뱅이 돌려줄까?

Merry-go-round를 직역하면 '기쁘게 돌아간다'를 의미하는데,
놀이터에 있는 회전목마나 뱅뱅 도는 놀이기구를 의미하기도 해요.
아이들은 스스로 이 놀이기구를 돌리며 타기 힘드니까
'Do you want me to spin the merry-go-round for you?'라고 물어보며
뱅글뱅글 돌아가는 세상을 같이 구경해볼 수 있어요!

 오늘의
단어 **Spin** [동사] 돌리다

It's very yucky.
맛이 별로예요.

That must be yucky.

그거 진짜 맛이 별로지.

아이가 아플 때 맛없는 약을 줘야 할 때가 있어요.
약을 먹는 아이 표정을 보면, 얼마나 맛이 없는지 먹어보지 않아도 알 수 있지요.
맛이 없는 것을 **yucky**('우웩'할 것 같은)라는 표현을 써서 말해요.
어른들은 약 맛을 표현할 때 **disgusting**(징그러운)을 써서 말하곤 하지만,
이 단어는 아이에게 너무 길어서 주로 **yucky**라고 한답니다.

오늘의
단어 **Yucky** [형용사] 맛이 없는

Not yet.
아직이요

Do you want to get off the swing?

그네에서 내릴까?

그네가 너무 재미있어서 아이들은 그네를 영원히 탈 것처럼 행동하기도 해요.
하지만 곧 다른 걸 하고 싶어 하며 내리려 하죠.
그네에서 '내리는 것'은 **get off**라고 할 수 있어요.
그네에 탄 아이 표정이 지루해 보이면 **'Do you want to get off the swing?'** 하고 물어보세요.

 Get off [구동사] 내리다

I'm very bored.
심심해요.

You must be bored.

우리 아이 심심한가 보네.

아이한테 새로운 장난감을 주면 5분 정도는 아주 신나게 놀아요.
그리고 신기하게도 금방 심심해하지요.
부모님은 아이의 행동으로 그 감정을 바로 알아차릴 수 있어요.
다른 장난감을 찾아보려고 하거나 부모님에게 달려와 칭얼대기도 하니까요.
이런 경우에 'You must be bored.'라고 말할 수 있어요.

주의 bored 대신에 boring을 써서 'You must be boring.'이라고 하면
'너는 재미없는 사람이겠네.'라는 뜻이 되니까 헷갈리지 않도록 주의하세요.

오늘의
단어
Bored [형용사] 심심한

I want to go higher!
더 높이 가고 싶어요!

You're swinging so high!

너 그네를 너무 높이 탄다!

아이마다 다르겠지만 어떤 아이들은 짜릿한 기분을 좋아해서
그네를 높이 타는 걸 아주 좋아해요.
하지만 그네가 너무 높이 올라가면 위험할 수 있으니까 조심해야겠죠?
그네가 너무 높이 올라가면 'You're swinging so high!'라고 말하면서
덜 위험하게 탈 수 있도록 이끌어주세요.

오늘의 단어 **High** [부사] 높이

I'm very annoyed.
너무 짜증이 나요.

You must be annoyed.

우리 아이가 짜증이 나나 보네.

평소에 방긋방긋 잘 웃던 아이도 짜증을 부릴 때가 있어요.
이럴 때 딱 맞는 표현이 바로 **be annoyed**입니다.
감정이 아닌 짜증 나게 만드는 대상에 대해서 표현할 때는 **annoying**이라고 할 수 있어요.
시끄러운 소리에 대해서 말할 때는
'**That sound is annoying**(그 소리 때문에 짜증 나요).'라고 하지요.

주의 아이에게 'You're annoying.'이라고 하면 '너 때문에 짜증이 난다.'라는
뜻이 되어버리니까, 꼭 주의해서 사용해야 해요.

오늘의
단어 **Annoyed** [형용사] 짜증 난

Yes, please!
그렇게 해주세요!

Do you want me to push you harder?

더 세게 밀어줄까?

아이가 자랄수록 아이 등 뒤에서 그네를 미는 힘이 조금씩 강해지고
아이가 그네를 타는 속도도 빨라지지요. 이 상황에서 **push** 표현을 사용할 수 있어요.
아이가 심심해 보이면 **push harder**(더 세게 밀다)라고 말해볼 수도 있죠.
그네를 탄 아이가 꺄르르 하고 웃으면, 그네를 미는 엄마와 아빠의 기분도 참 좋아져요.

 오늘의
단어 **Harder** [부사] 더 세게

I'm very angry.
화가 많이 났어요.

You must be angry.

우리 아이가 화났구나.

아이들은 주변 물건이 모두 재미난 놀잇감처럼 보이나 봐요.
특히 텔레비전 리모컨을 장난감으로 생각하는 경우가 있는데,
이럴 때 리모컨을 뺏으면 아이가 화를 내기도 해요.
화를 내는 아이를 나쁘게 받아들이기보다
'You must be angry.'라고 말하며 감정을 인정해주세요.
그리고 더 재미난 장난감을 주면서 감정을 환기할 수 있도록 도와줘요.

 오늘의
단어 **Angry** [형용사] 화난

I'd like that.
좋아요.

Do you want to go on the swing?

그네 탈래?

아이가 처음 그네를 탈 때 좀 어색하게 느끼기도 해요.
하지만 그네를 살살 밀어주다 보면, 아이의 얼굴에서 사랑스러운 미소를 볼 수 있지요.
'타다' 하면 보통 **ride**를 떠올리곤 하는데요,
놀이기구를 탄다고 말할 때는 주로 **go on**을 사용해요.
그네를 타는 것에 대해서 말할 때는 **go on the swing**이라고 할 수 있지요.

오늘의
단어

Swing [명사] 그네

My feelings are very hurt.
서운해요.

Your feelings must be hurt.

우리 아이가 서운하겠다.

아이는 자랄수록 느끼는 감정도 더 다양하고 세밀해져요.
행복하거나 짜증 나는 단순한 감정을 넘어 서운한 감정도 느끼게 됩니다.
서운함을 느끼는 아이에게 '**Your feelings must be hurt.**'라고 말해보세요.
아이의 마음을 최대한 이해하려고 해봅시다.
감정을 헤아리려고 노력하는 것만으로 아이 기분이 다시 좋아질지도 몰라요.

 오늘의 단어 **Hurt** [형용사] 서운한

SEPTEMBER

PLAY

1

**That sounds
like fun.**

재미있겠네요.

How about we go play on the playground?

놀이터에 가서 놀까?

놀이터에서 노는 건 **play on the playground**라고 해요.
이 표현을 자주 안 써도 아이들은 놀이터를 너무 좋아해서 금방 외우게 되지요.
오늘은 아이 손을 잡고 놀이터로 나가 함께 놀며 좋은 추억을 만들어보는 건 어떨까요?
더 친밀하고 강한 관계도 만들 수 있을 거예요.

오늘의
단어 **Playground** [명사] 놀이터

I miss my friend very much.
친구가 많이 보고 싶어요.

You must miss your friend.

우리 아이 친구가 보고 싶은가 보구나.

아이의 감성 지능이 높아지면서 자연스럽게 사교활동을 하기 시작해요.
좋아하는 친구들이 생기고, 안 본 지 오래된 친구들이 생기면 보고 싶어 하기도 하죠.
이런 때 'You must miss your friend.'라고 말해볼 수 있어요.

 오늘의 단어 **Miss** [동사] 보고 싶다

***

아이의 뇌는 매일매일 성장해서 부모님을 깜짝 놀라게 해요. 혹시 천재가 아닐까 하는 의문을 자꾸만 품게 만들 정도이지요.

그런데 매일 성장하는 뇌만큼 몸도 매일 자라고 튼튼해진답니다! 몸이 쑥쑥 성장하는 만큼 아이는 자랄수록 바깥 활동도 많이 좋아하게 되지요.

그중에서도 놀이터는 최고의 활동 공간이에요. 아이는 다양한 놀이기구를 접하며 새로운 친구들을 만날 수 있고,

엄마, 아빠는 아이와 직접 몸으로 놀아주며 친밀한 교감을 할 수 있으니까요.

아이와 놀며 신나게 시간을 보낼 때, 미국 부모님들은 어떤 표현과 말을 아이에게 전할까요?

아이와 놀 때 사용할 수 있도록 놀이할 때 꼭 사용하게 되는 문장들을 정리했어요.

무엇보다 이 표현들은 직접 몸으로 놀면서 교감할 때 쓰는 표현들이니까, 아이는 이 표현을 귀와 몸으로 익히게 될 거예요.

그리고 아주 오래도록 기억할 수 있을 거예요.

I'm very disappointed.
엄청 실망했어요.

You must be disappointed.

우리 아이가 실망했겠구나.

아이가 시간 개념을 이해하기 시작하면, 저녁이 되면 엄마나 아빠가 퇴근하기를 손꼽아 기다려요. 현관문에 인기척이 들리면 귀를 쫑긋 세우지요. 가끔은 현관문을 여는 사람이 아이가 기다리던 엄마, 아빠가 아닌 택배 기사님일 때가 있어요. 이럴 때 잔뜩 실망한 아이에게 'You must be disappointed.'라고 할 수 있어요.

오늘의 단어 **Disappointed** [형용사] 실망한

SEPTEMBER

PLAY

놀이할 때 꼭 사용하는 표현들

9월

엄마, 아빠와
신나게 대화하면서
놀면 즐거움이
두 배로 커져요

**It really
startled me.**
정말 놀랐어요.

That must have startled you.

우리 아이가 깜짝 놀랐구나.

갑자기 문이 쾅 하고 닫히거나 커다란 청소기 소리를 들으면
아이가 놀랄 때가 있어요. 어떨 때는 너무 놀라서 몸까지 굳어버리기도 하지요.
이때는 **shocking**(충격적인)보다 **startle**(깜짝 놀라게 하다)을 써서 말하는 것이 좋아요.
Shocking은 아주 강한 표현이거든요.
깜짝 놀란 아이를 꼭 안아주면 아이가 안정을 되찾는 데 큰 도움이 되겠네요.

오늘의 단어 **Startled** [형용사] 깜짝 놀란

**It's
very painful.**

정말 아파요.

That must be painful.

우리 아이 아프겠다.

사랑스러운 아이가 절대 다치는 일이 없었으면 좋겠지만,
활동량이 늘어나면서 점점 다치는 일이 많이 생겨요.
아이가 다치자마자 부모님은 달려가 안아주게 되는데요,
이럴 때 아이의 아픔에 대해서도 공감하며 함께 표현해주세요.
공감을 받은 아이는 다른 사람의 아픔도 공감할 줄 알게 될 거예요.

오늘의
단어　**Painful** [형용사] 고통스러운

I'm
very nervous.
불안해요.

You must be nervous.

우리 아이가 불안하구나.

아이도 불안을 느낄 수가 있어요.
아직 어려서 자신의 감정을 정확하게 표현하지는 못하지만,
아이 표정만 봐도 불안을 느끼는지 알 수 있지요.
가끔은 아이가 불안을 느끼는 이유가 부모님 눈에 황당해 보일 수 있지만,
아이는 무엇보다 엄마, 아빠의 공감을 원해요.
아이의 부정적인 감정을 인정하면 감정을 이해하는 과정도 쉬워질 거예요.

오늘의
단어   **Nervous** [형용사] 불안한

Yes.
Can I take
them off?

네.
양말을 벗어도 돼요?

Did the morning dew get your socks wet?

아침 이슬 때문에 네 양말이 젖었니?

푹 자고 일어난 아이들은 에너지가 넘쳐요. 곧바로 밖에서 놀고 싶어 할 수도 있죠.
그러다가 양말이 젖어버릴 수도 있겠네요. 아침 이슬로 온 세상이 촉촉할 테니까요.
옷이나 양말이 젖을 때 **get wet**이라는 표현을 쓸 수 있어요.
비나 눈으로 젖은 옷에 대해 말할 때도 유용하게 쓸 수 있는 표현이랍니다.

 오늘의
단어 **Dew** [명사] 이슬

I'm very uncomfortable.
불편해요.

You must be uncomfortable.

우리 아이가 불편하겠구나.

아이에게 예쁜 옷을 입혀주면 아이도 기분 좋고 부모님도 기분 좋죠.
그런데 생각보다 아이 몸이 빨리 자라기 때문에, 순식간에 아이한테 옷이 안 맞게
되기도 해요. 아이가 불편해하기도 하죠.
이럴 때 'You must be uncomfortable.'이라고 할 수 있어요.
옷뿐만 아니라 다른 상황에서도 아이가 불편해할 때 쓸 수 있어요.

 오늘의 단어 **Uncomfortable** [형용사] 불편한

I want to grab it!
무지개를 잡고 싶어요!

Can you see the rainbow?

무지개가 보여?

비가 그치고 나면 무지개를 볼 수도 있어요.
어른 눈에는 별로 신기하지 않더라도 아이에게는 마법 같은 현상이지요.
무지개가 나타나면 꼭 아이에게도 보여주세요.
만약 정원용 호스가 있으면 물을 하늘 방향으로 뿌려보세요. 분무개도 좋고요.
엄마, 아빠가 만든 작은 무지개를 아이들은 아주 즐겁게 구경할 거예요.

오늘의
단어 **Rainbow** [명사] 무지개

MAY

SENSE OF INDEPENDENCE

스스로 해보며 성취감 배우기

5월

도움이 필요한지
아이가 스스로
판단할 수 있도록 해요

Can I look inside?
안에 볼 수 있어요?

What do you think is living in this shell?

이 껍데기 안에 누가 살고 있을까?

바다에서 발견할 수 있는 생물체는 생각보다 많아요.
물속에는 해파리와 물고기, 하늘에는 갈매기,
모래밭 위에는 수많은 조개껍데기가 있어요.
가끔은 껍데기 안에 살아 있는 작은 생명체를 발견할 수도 있지요.
모래밭에서 조개껍데기를 주우며 재미있게 대화해보세요.

 오늘의 단어 **Live** [동사] 살다

* * *

아이는 자라며 엄마, 아빠의 도움 없이 스스로 많은 것을 해내고 싶어 해요.
물론 아직은 서투르니까 간단한 일에도 시간이 아주 오래 걸리기도 하고, 미숙해서 제대로 마무리를 못 하기도 해요.
옆에서 지켜봐야 하는 부모님의 입장에서는 조금 답답하기도 하겠지요.

하지만 아이가 스스로 해보고 성취감을 느낄 수 있도록 최대한 기다려줍니다.
요청하지 않으면 먼저 도와주지 않고, 도움이 필요해 보일 때는 아이에게 의사를 물어볼 수 있어요.
엄마, 아빠의 도움을 스스로 판단해서 받을 수 있도록 말이에요.
아직 아이가 어려서 질문을 이해하고 대답하지 못하더라도,
이런 질문 자체가 아이의 자립심을 기르는 데 큰 도움이 될 거예요.
이번 달에는 아이들이 스스로 해볼 수 있도록 격려하고, 도움을 받고 싶은지 의사를 물어보는 표현을 담아봤어요.

I can hear the ocean!
바닷소리가 들려요!

Hold the conch shell to your ear.

소라 껍데기를 귀에 대봐.

한국에서는 소라 껍데기를 귀에 대보면 바닷소리를 들을 수 있다는 말이 있잖아요.
그런데 신기하게도 미국에도 똑같은 말이 있어요.
그래서 바다에 직접 가지 않고도 소라 껍데기로 바닷소리를 들려줄 수 있죠.
바다에 갔을 때 소라 껍데기로 들었던 소리를 떠올리면 더욱 즐거울 거예요.

오늘의 단어

Shell [명사] 조개껍데기   * conch shell [명사] 소라 껍데기

**I can walk
on my own.**
혼자서 걸을 수 있어요.

Do you want me to help you walk?

걷는 걸 도와줄까?

아이가 조금씩 걷기 시작하면 부모님은 더 잘 걸을 수 있도록
도와주고 싶어져요. 아마 아이는 혼자서 걷고 싶어 할 수 있지만
이제 막 걸음을 떼기 시작했다면 부모님의 도움이 많이 필요하죠.
이런 경우에 간단하게 **walk** 동사를 사용할 수 있어요.

오늘의
단어

Help [동사] 돕다

**The sand feels
so smooth.**
모래는 정말 부드럽네요.

How does it feel to walk on sand?

모래를 밟는 느낌이 어때?

바닷물에 발을 담그려면 모래밭을 밟고 지나가야 하지요.
모래가 깨끗하다면 아이와 함께 맨발로 모래를 푹푹 밟으며 따뜻하고 까끌까끌하고
간질간질한 기분을 느껴보세요. 신발을 신고 있을 때는
느끼지 못했던 촉감의 매력에 푹 빠져버릴 거예요.

 오늘의
단어 **Sand** [명사] 모래

**I can get
dressed on
my own.**
스스로 옷을
입을 수 있어요.

Do you want me to help you get dressed?

옷 입는 걸 도와줄까?

아이에게 옷을 입히는 건 쉽지 않아요. 특히 아이가 스스로 옷을 입고 싶어 할 때요. 척척 옷을 갈아입을 수 있으면 좋겠지만, 몸이 마음대로 따라주지 않아서 시간이 오래 걸리고 짜증을 내기도 하지요. 옷을 입는 과정에 대해서 말할 때는 **get dressed**라고 해요.

주의 wearing은 이미 입은 상태를 묘사하는 표현이에요.
wearing 뒤에는 꼭 대상(socks, shirt, pants)을 붙여야 하지요.
I'm getting dressed(나는 옷을 입는 중이다). : 입는 행위
I'm wearing a dress(난 드레스를 입고 있다). : 입은 상태

오늘의
단어 **Get dressed** [구동사] 옷 입다

The sound of the waves makes me sleepy.
파도 소리 때문에 잠이 와요.

Listen to the sound of the waves.

파도 소리를 들어봐.

아이의 눈에 바다는 어쩌면 새로운 세상처럼 느껴질 수 있어요.
모래, 갈매기, 게, 그리고 무엇보다 끝없이 이어지는 지평선과 철썩이는 파도가
얼마나 신기할까요? 아이와 함께 파도를 바라보면서 파도 소리에 집중해보세요.
파도를 쫓으면서 신나게 놀다가 파라솔 아래서 같이 낮잠을 잘 수도 있지요.

오늘의
단어

Wave [명사] 파도

**I can wipe
my mouth
on my own.**
혼자서 입을
닦을 수 있어요.

Do you want me to help you wipe your mouth?

입 닦는 걸 도와줄까?

아이가 복스럽게 밥을 먹으면 그걸 지켜보는 엄마, 아빠는 얼마나 만족스러운지요.
하지만 그렇게 열심히 먹다 보면 입이 쉽게 더러워져요.
이런 경우에는 아주 간단하게 **wipe** 동사를 사용할 수 있어요.

오늘의
단어 **Mouth** [명사] 입

The grass is moist.
잔디가 촉촉해요.

Feel the grass with your fingers.

손가락으로 잔디를 느껴봐.

도시에 사는 가족은 잔디를 마주할 기회가 많이 없어요.
그래서 아이와 교외에 나가서 잔디를 만나면 아주 반갑지요.
잔디 상태가 신선하고 괜찮다면 아이와 잔디를 만지며 놀이를 해보세요.
촉촉한 잔디 촉감과, 코를 찌르는 풀냄새도 함께 즐겨보세요.
자주 할 수 없는 놀이니까 좋은 체험이 될 수 있고,
나중에는 자신 있게 잔디 위에서 걸어볼 수도 있겠죠.

오늘의 단어

Grass [명사] 잔디

**I can turn the
pages on my own.**
혼자서 페이지를 넘길 수 있어요.

Do you want me to help you turn the pages?

페이지 넘기는 걸 도와줄까?

아이는 클수록 책 보는 걸 아주 좋아해요.
'페이지를 넘기다.'라는 표현은 **turn the page**라고 해요.
가끔 아이들은 책 내용보다 책을 한 장씩 넘기는 것 자체를
놀이처럼 즐기기도 해요.

오늘의
단어 **Turn** [동사] 책장을 넘기다

Let's look for ladybugs.

무당벌레를 찾아보자.

차분하게 앉아 꽃이나 구름을 구경하는 것도 좋지만,
열심히 돌아다니며 여기저기 움직이는 벌레를 찾는 놀이도 참 재미있어요.
운동도 되고 시력 발달에도 큰 도움이 되지요.
무엇보다 작고 약한 벌레를 함부로 못 만지게 하면
'아, 벌레도 아플 수 있네.' 같은 생각을 하게 되니까 좋아요.

**It's easy to
find ladybugs
in the grass.**

무당벌레는
잔디밭에서 찾기 쉬워요.

 오늘의
단어 **Ladybug** [명사] 무당벌레

**I can put on
a band-aid on my own.**
혼자서 밴드를 붙일 수 있어요.

Do you want me to help you put on a band-aid?

밴드 붙이는 걸 도와줄까?

Put on은 반드시 옷과 관련해 사용하는 표현은 아니에요.
마스크, 로션, 혹은 밴드 같은 것에 대해서 말할 때도 사용할 수 있어요.
'밴드를 붙이다.'라는 표현은 **put on a band-aid**라고 해요.
아마 어떤 분들은 밴드를 **band**라고 번역해 사용하려고 하겠지만
영어로는 꼭 **band-aid**라고 해야 알아들어요.

 오늘의
단어 **Band-aid** [명사] 밴드

**The dog
looks happy.**
강아지가 행복해 보여요.

The dog is wagging its tail.

저 강아지가 꼬리를 흔들고 있어.

동물에게도 감정이 있어요. 특히 아이들에게 동물들도 행복한 감정을
느낀다는 것을 보여주면 EQ가 높아진다고 합니다.
강아지가 기분이 좋아서 꼬리를 흔드는 모습을 보여주세요.
그리고 강아지가 어떤 감정을 느끼는 것 같은지 대화해보세요.
꼬리를 흔드는 행동은 **wag**라고 한답니다.

오늘의
단어 · **Wag** [동사] 꼬리를 살랑살랑 흔들다

**I can ride
my bike
on my own.**
혼자서 자전거를
탈 수 있어요.

Do you want me to help you ride your bike?

자전거 타는 걸 도와줄까?

아이와 함께 처음 자전거를 타는 날은 모두에게 잊지 못할 소중한 기억이 될 거예요.
두 바퀴로 빠르게 달려나가는 모습을 보면 처음 자전거를 타던 날이 생각날 거예요.
'자전거를 타다.'는 영어로 **ride a bike**인데, 본인 소유의 자전거라면
ride my bike라고 해야 해요. 항상 **my**를 붙여야 해요.

 오늘의
단어 **Ride** [동사] 타다

How does a bunny hop?

토끼는 어떻게 뛰지?

아이들은 동물 소리뿐만 아니라 동물의 움직임도 따라 하곤 해요.
거북이가 엉금엉금 기어가는 모습이나 토끼가 깡충깡충 뛰어가는 모습,
참새가 작은 날개를 파닥이는 모습이나 독수리가 커다란 날개를 펄럭이는 모습을
따라 하다 보면 느리고 빠른 속도의 개념과 작고 큰 움직임의 차이를
따로 설명해주지 않아도 자연스럽게 익히겠지요.

**Bunnies hop very
quickly like this.**
토끼는 이처럼 아주 빠르게 뛰죠.

오늘의
단어 **Hop** [동사] 깡충거리며 뛰다

**I can wipe
my butt on my own.**
혼자서 제 엉덩이를 닦을 수 있어요.

Do you want me to help you wipe your butt?

엉덩이 닦는 걸 도와줄까?

배변 훈련은 어렵고 긴 과정이에요.
아이가 혼자 용변을 보고 엉덩이를 닦아 마무리할 수 있도록 큰 응원이 필요하지요.
엉덩이를 닦는 건 **wipe one's butt**인데, 가장 중요한 건
my 혹은 **your**를 꼭 붙여야 한다는 거예요.
그렇지 않으면 아무나의 엉덩이를 닦는다는 뜻이 되어버리거든요.

 오늘의 단어 **Wipe** [동사] 닦다

Cats say, 'Meow'.
고양이는 '야옹'이라고 해요.

What sound does a cat make?

고양이는 어떤 소리를 내지?

동물 흉내 내기는 아이들이 정말 좋아하는 놀이예요.
그래서 시키지 않아도 알아서 주변에 있는 동물들의 소리를 흉내 내기도 하지요.
멍멍 짖는 강아지, 야옹하는 고양이, 까악까악 우는 까마귀, 삐약삐약 조잘대는 병아리.
아이의 작은 입에서 아기 동물들의 이야기를 들을 수 있을 것만 같아요.

오늘의 단어

Sound [명사] 소리

**I can wake up
my father on my own.**
혼자서 아빠를 깨울 수 있어요.

Do you want me
to help you wake up
your father?

아빠 깨우는 걸 도와줄까?

아이는 아빠나 엄마 깨우기를 놀이처럼 좋아해요. 가족 중 늦잠을 자는
사람이 있다면, 아이와 같이 깨워볼 수도 있겠지요.
이런 경우에 '깨워주다'는 **wake somebody up**이에요.
wake [**father**(아빠), **mother**(엄마), **brother**(형제), **sister**(자매)] **up**으로
응용해서 사용해볼 수 있어요.

오늘의
단어

Wake up [구동사] 깨우다

The clouds are so dark.
구름은 정말 어둡네요.

It looks like it's going to rain.

비가 올 것 같네.

안타깝지만 먹구름이 몰려오면 놀이를 멈추고 놀이터를 떠나야 해요.
이럴 때 왜 떠나야 하는지 설명하는 게 좋아요.
점점 어두워지는 구름을 가리키면서 아이에게
'**It looks like it's going to rain.**'이라고 말해보세요.
언젠가 아이도 구름을 보면서 똑같은 말을 할 거예요.

 오늘의 단어   **Rain** [동사] 비 오다

**I can make my
bed on my own.**

혼자서 제 이불을
정리할 수 있어요.

Do you want me to help you make your bed?

이불 정리하는 걸 도와줄까?

아이에게 좋은 습관을 알려주면 아주 좋아요.
가장 기본적인 습관은 아침에 일어나 이불을 정리하는 것이지요.
이불을 정리하는 것을 영어로는 **make the bed**라고 해요.
내 침대를 정리한다면 **my**를 꼭 붙여서 말해야겠죠?

오늘의
단어

Bed [명사] 침대

Can I touch the butterfly?
나비를 만져도 돼요?

A butterfly is sitting on the flower.

나비가 꽃 위에 앉았어.

예쁜 꽃을 구경하고 있는데 아름다운 나비가 날아와 꽃 위에 앉았어요.
꿀을 먹으러 나비가 날아왔나 봐요. 나비가 배를 채우고 날아가 버리기 전에
재빨리 아이에게 'A butterfly is sitting on the flower.'라고 말해보세요.
나비를 자세히 관찰해볼 수도 있겠네요.

 오늘의 단어   **Sit** [동사] 앉다

**I can wash
my hands
on my own.**
혼자서 손을 씻을 수 있어요.

Do you want me to help you wash your hands?

손 씻는 걸 도와줄까?

아이의 손은 자주 더러워져요.
다행히도 많은 아이들이 손 씻는 것을 놀이처럼 좋아하지요.
손을 비비면 하얀 거품이 보글보글 올라오는 모습이 신기하고 재미있나 봐요.
아이의 손을 씻기면서 **wash your hands**라고 말해보세요.
이때도 꼭 **your**(너의) 혹은 **my**(나의)를 넣어야 해요.

 오늘의 단어 **Hand** [명사] 손

**Where are
the ants going?**
개미들은 어디로
가는 걸까요?

The ants are walking in a line.

개미가 줄을 지어서 가네.

아이가 가끔 바닥에 있는 아주 작은 개미들을
열심히 구경하는 모습을 볼 수 있어요. 가까이에서 보면 개미가 줄을 지어서 가는 걸
볼 수 있는데 마치 아주 작은 사람들이 걸어가는 것처럼 보여요.
아이와 줄지어 가는 개미를 볼 때 **'The ants are walking in a line.'**이라고 말해보면 좋아요.
여기서 **in a line**은 '줄 지어 있다'는 의미랍니다.

 오늘의
단어 **Walk** [동사] 걷다

**I can turn
the lights off
on my own.**
혼자서 불을 끌 수 있어요.

Do you want me to help you turn off the lights?

불을 끄는 걸 도와줄까?

아이가 어둠을 무서워하지 않으면 스위치로 불을 끄는 걸 즐길 가능성이 커요.
작은 손가락으로 똑딱똑딱 스위치를 누르며 불이 켜졌다 꺼졌다 하는 것을 재미있어 하지요.
'불을 끄다'는 **turn off the lights**라고 해요.
거실과 부엌 같은 공동 공간의 불은 침대, 옷, 장난감처럼 개인 소유로
생각하지 않기 때문에 **my lights**라고 하지 않고 **the lights**라고 해요.

 Light [명사] 불, 빛

**Is that
enough water?**
물을 충분히 준 것 같아요?

Let's water the plant.

화분에 물을 주자.

직접 식물을 키워보는 것도 아이에게 좋은 경험이 되지요.
식물에 물을 주면서 '식물도 우리처럼 살아 있는 존재구나' 생각하기 시작할 테니까요.
다들 잘 알고 있는 물이라는 뜻을 가진 영어 단어 water는,
'물을 주다'는 뜻을 가진 동사로도 쓸 수 있답니다.
아이와 물을 주며 시간을 보낼 때 'Let's water the plant.'라고 말해보세요.

오늘의
단어
Plant [명사] 식물

**I can take off
my socks on my own.**
혼자서 양말을 벗을 수 있어요.

Do you want me to help you take off your socks?

양말 벗는 걸 도와줄까?

아이에게 예쁘고 귀여운 옷을 입혀주는 건 정말 즐겁지요.
가끔은 아이가 스스로 옷을 벗고 싶어 하기도 해요.
옷을 벗거나 벗기는 건 영어로 **take off** 표현을 사용할 수 있어요.
아이가 불편해서 옷을 벗고 싶어 할 때도 있지만
어떤 때엔 그냥 재미로 옷을 벗기도 해요.

오늘의
단어

Sock [명사] 양말

**The flower is big
and beautiful.**
꽃이 크고 아름다워요.

The flower started blooming!

꽃이 피기 시작했네!

꽃봉오리가 탐스럽게 맺히고 꽃이 피기 시작할 때가 되면 내일이 무척 기다려져요.
내일 아침에 활짝 핀 꽃을 보게 될 수도 있다는 뜻이니까요.
꽃이 '피다'는 영어로 **bloom**이라고 합니다. 아이랑 꽃이 핀 모습을 보게 되면
'**The flower started blooming.**' 하고 말해보세요.
아이가 꽃이 피는 과정을 더 흥미롭게 보게 될 거예요.

 오늘의 단어 **Bloom** [동사] 피다

**I can wash
my face on my own.**
혼자서 세수할 수 있어요.

Do you want me to help you wash your face?

세수하는 걸 도와줄까?

어떤 아이들은 세수하는 걸 아주 싫어해요. 물이 얼굴에 닿는 느낌이 싫은가 봐요.
그래도 과즙이 많은 블루베리나 딸기 같은 과일을 먹고 나면 꼭 얼굴을 씻어야죠.
재미있게도 한국어엔 '세수하다.'라는 동사가 따로 있지만, 영어엔 없어요.
그냥 **wash**라고 해요.

오늘의
단어

Your [(소유)형용사] 너의

**The bees are
very loud.**
벌이 정말 시끄럽네요.

Can you hear the bees buzzing?

벌이 윙윙대는 소리가 들려?

꽃밭에 나가면 벌도 볼 수 있고 벌의 소리도 들을 수 있어요.
영어로 벌 소리에 대해서 이야기할 때 **buzz**라고 하는데,
아이는 자동차나 비행기 소리와 벌 소리를 구별하지 못할 수도 있어요.
그래서 아이가 벌의 소리를 구별할 수 있도록 질문해보면 좋아요.
그러면 밖에 나갈 때마다 벌 소리를 더 열심히 들어보려고 하겠죠?

 오늘의
단어 **Buzz** [동사] 윙윙거리다

**I can brush
my teeth on my own.**
혼자서 이를 닦을 수 있어요.

Do you want me to help you brush your teeth?

이 닦는 걸 도와줄까?

아이의 이는 작고 귀여워요. 소중한 치아니까 식사를 하고 나면 관리를 잘 해줘야죠.
이 닦는 것을 싫어하는 아이가 많기 때문에
아마 **brush my teeth**라는 표현을 금세 배우게 될 거예요.
그래도 엄마, 아빠와 이 닦는 것을 생활화해서 반복하다 보면
언젠가 아이도 즐겁게 이를 닦을 수 있겠죠?

오늘의
단어 **You** [대명사] 너

I found it
in the garden.
정원에서 찾았어요.

Where did you find that flower?

그 꽃을 어디서 찾았어?

아이들은 항상 바닥에 있는 것들을 만지고 주우려고 해요.
더러운 것을 만지려 할 때도 있지만 꽃처럼 사랑스러운 것을 주워서 가져오기도 하지요.
이때 부모님에게 가장 큰 미스터리는 그 물건을 어디서 찾았냐는 거예요.
이런 경우엔 'Where did you find that 물건?'이라고 할 수 있어요.

오늘의
단어

Flower [명사] 꽃

Do you want me to help you button up your shirt?

셔츠의 단추를 채우는 걸 도와줄까?

가끔 아이가 가만히 있으려고 하지 않아서
옷의 단추를 채워주는 것이 불가능한 미션처럼 보이기도 하지요.
하지만 감기에 걸리지 않게 하려면 꼭 다 채워줘야 하죠.
단추를 채운다고 말할 때는 단추(**button**)와 위로(**up**)를 붙여서 말해요.
단어 **shirt**(셔츠), **pants**(바지), **jacket**(외투)을 활용해
button up your shirt·pants·jacket이라고 말할 수 있어요.

**I can button up
my shirt
on my own.**
혼자서 단추를 채울 수 있어요.

 오늘의
단어

Button up [구동사] 잠그다

Did it go away?
벌이 갔어요?

There's a bee!
Watch out!

벌이야! 조심해!

야외에서 나들이를 하다 보면, 아이에게 위험한 동물이나 벌레를 만나게 될 때도 있어요.
아이는 벌과 거미 같은 벌레를 봐도 위험한지 모를 수 있으니까,
즉시 'Watch out!' 표현으로 경고를 해줍니다.
이 표현을 잘 기억해뒀다가 동물이나 벌레뿐만 아니라
자동차나 자전거가 지나갈 때도 유용하게 써볼 수 있어요.

오늘의
단어 **Bee** [명사] 벌

**I can get down from
my bed on my own.**
침대에서 혼자서 내려올 수 있어요.

Do you want me to help
you get down
from your bed?

침대에서 내려오는 걸 도와줄까?

어떤 아이는 높은 곳에서 낮은 곳으로 내려오려 할 때 머리부터 내밀어요.
그런데 머리부터 떨어지면 크게 다칠 수 있잖아요.
안전하게 내려오기를 배울 때까지 도움이 필요할 수도 있어요.
어딘가에서 내려올 때 영어로 'get down from~'이라고 하는데
침대 같은 경우엔 my·your bed를 넣어 말하면 돼요.

오늘의
단어

Get down [동사] 내려오다

**The rabbit
is heavy.**
토끼가 무거워요.

Do you want to hold the rabbit?

토끼를 안아볼래?

아이가 조심스러움을 배우게 되면 동물을 안아보는 경험을 하게 해줄 수 있어요.
동물이 아프거나 다치지 않도록 조심스럽게 안는 방법을 배우면서,
아이들은 자연스럽게 공감능력을 키우게 되겠죠.
동물 혹은 아이를 안을 때 영어로 **hold**라고 할 수 있어요.
덧붙여 토끼는 **rabbit** 대신에 더 귀여운 말로 **bunny**라고 할 수도 있답니다.

 오늘의
단어 **Rabbit** [명사] 토끼

**I can hold
my bottle on my own.**
혼자서 젖병을 들 수 있어요.

Do you want me to help
you hold your bottle?

젖병 드는 걸 도와줄까?

어느 정도 근육이 발달하기 시작하면 아이는 스스로 잡고 먹으려 해요.
처음에는 손가락을 제대로 못 펴서 주먹으로 잡고,
어떤 때는 실수로 젖병을 떨어트리기도 하지만요.
젖병을 잡을 때는 **hold**를 쓸 수 있어요. 숟가락, 컵 등을 잡을 때도
쓸 수 있으니 다양하게 응용해서 말해보면 좋아요.

 오늘의
단어 **Bottle** [명사] 젖병

The horse is very fast.
말이 아주 빠르네요.

Look at the horse run !

뛰는 말을 좀 봐!

멀리 있는 풍경과 사물을 보여주면 아이 시력 발달에 도움이 되는 것처럼,
빨리 움직이는 동물을 보여주는 것도 시력 발달에 큰 도움이 된다고 해요.
공원이나 동물원에서 빨리 움직이는 동물을 볼 때
run(달리다), **fly**(날다), **swim**(헤엄치다)을 활용해
'**Look at the** 동물 **run·fly·swim.**' 하고 말해보세요.

오늘의
단어

Horse [명사] 말

I can take a bath on my own.
혼자서 목욕할 수 있어요.

Do you want me to help you take a bath?

목욕하는 걸 도와줄까?

아이가 하루를 즐겁게 보내고 나면 얼굴과 손과 다리가 금방 더러워져요.
손수건으로 닦아주는 것보다 목욕을 시켜주면 몸이 더 개운해져요.
따뜻한 목욕을 하고 오늘 밤에는 더 푹 잘 수 있으면 좋겠네요!
'목욕하다'는 take a bath라고 해요.
목욕할 때마다 이 표현을 써주면 신난다는 표현을 하기 시작하겠죠?

 오늘의 단어 **Bath** [명사] 목욕

Is the dog hungry?
강아지가 배고프대요?

Let's feed the dog.

강아지에게 먹이를 주자.

아이 주변에 동물이 많을수록 공감력이 높아진다는 이야기가 있어요.
반려동물이 밥을 먹는 모습을 아이에게 보여주면
'아, 강아지도 나처럼 배고파하는구나.' 하고 생각할 수 있을 거예요.
덧붙여 강아지가 다 자라면 영어로는 무조건 **dog**(개)라고 해요.
한국어로는 '개'라는 단어에 좀 부정적인 어감이 있어서 그런지,
성견도 강아지라고 부르곤 하지만 영어로는
진짜 어린 강아지에게만 **puppy**라고 한답니다.

오늘의 단어   **Feed** [동사] 먹이다

**I can comb
my hair
on my own.**
혼자서 머리를
빗을 수 있어요.

Do you want me to help
you comb your hair?

머리 빗는 걸 도와줄까?

머리숱이 많은 아이라면 목욕하고 머리를 말리면서 머리카락을 빗어주게 되죠.
'머리를 빗어주다.'를 영어로 표현할 때 아주 간단하게 **comb**를 쓸 수 있어요.
Comb는 명사로 '빗'이라는 뜻으로 사용할 수도 있고
동사로 '빗다'라는 뜻으로 사용할 수 있어요.

오늘의
단어 **Comb** [동사] 빗다

**The kitty is
so soft!**
고양이는
정말 부드럽네요.

Do you want to pet the kitty?

고양이를 쓰다듬고 싶어?

아이들은 동물을 보는 것도 좋아하지만 직접 만지는 것도 좋아해요.
동물을 부드럽게 쓰다듬는 경우 **pet**이라는 표현을 쓸 수 있어요.
Pet을 명사로 쓰면 '반려동물'이라는 뜻이고 동사로 쓰면 '쓰다듬다'는 의미가 되지요.
그래서 재미있게도 '**Pet a pet**(반려동물을 쓰다듬다)'이라고 해도
전혀 이상하게 들리지 않는답니다.

 오늘의
단어 **Kitty** [명사] 고양이 (귀여운 애칭)

I can eat
my peach on my own.
혼자서 복숭아를 먹을 수 있어요.

Do you want me to help you eat your peach?

복숭아 먹는 걸 도와줄까?

아이들이 스스로 무언가 하기 시작할 때 부모님의 도움이 많이 필요해요.
많이 서툴기도 하고 실수를 하기도 하니까요.
그 모습을 지켜보는 부모님은 답답하고 안타까워서 도와주고 싶어져요.
하지만 어떨 때는 아이가 도움을 거절하기도 하지요. 기분 나빠하지 마세요.
혼자 해보고자 하는 욕구는 아이의 발달 단계 중 하나니까요.

 오늘의
단어 **Peach** [명사] 복숭아

Do I sound like a bird?
새소리처럼 들려요?

Can you chirp like that bird?

저 새처럼 짹짹거릴 수 있어?

아침에 일어나서 새가 지저귀는 소리를 들으면 마음이 편안해져요.
새가 짹짹하는 소리에 잠에서 깬 아이도 기분이 좋아 보이네요!
마당이나 베란다에 새가 있다면 손가락으로 가리키며 아이에게 물어보세요.
'Can you chirp like that bird?' 아이는 눈에 보이는 새와 지저귀는 새소리를
연결해 이해하기 시작할 거예요.

오늘의
단어   **Chirp** [동사] 찍찍, 짹짹거리다

**I can use
my spoon on my own.**
혼자서 숟가락을 쓸 수 있어요.

Do you want me to help you use your spoon?

숟가락 쓰는 걸 도와줄까?

아이가 스스로 잘 먹기 시작하면 엄마, 아빠의 얼굴에도 미소가 번져요.
아이 옆에 편하게 앉아 음식을 먹을 수 있다는 뜻이니까요.
그런데 아이 손의 조정력이 그다지 좋지 않아서 실수로 수저를 떨어뜨리거나,
가끔은 아예 안 쓰려고 할 수도 있답니다.
포크, 숟가락, 젓가락 등등을 쓴다고 표현할 때 **use**(사용하다)를 사용할 수 있어요.

오늘의
단어
Spoon [명사] 숟가락

The trees are so tall!
나무들 키가 정말 크네요!

This is the forest.

여기가 숲이야.

눈앞에 있는 장소를 소개할 때 'This is the 장소'라고 할 수 있어요.
볼거리가 많은 곳에 데려갈 때마다 아이들은 너무나 즐거워해요.
특히 도시에서 들을 수 없었던 소리가 나고 새로운 동물과 식물을
구경할 수 있는 숲속은 아이들이 많은 것을 탐구하기에 아주 좋은 장소이지요.
오늘 아이와 함께 식물이 있는 곳으로 가보는 건 어떨까요?

 오늘의 단어 **Forest** [명사] 숲

I can open the door on my own.
혼자서 문을 열 수 있어요.

Do you want me to help you open the door?

문 여는 걸 도와줄까?

문을 열고 닫을 때는 생각보다 힘 조절을 잘해야 해요.
잘못하면 자신도 모르게 쾅 닫기도 하고 신체 일부가 문 틈 사이에 끼어 다치기도 해요.
처음에는 문을 제대로 열지 못해서 아이가 짜증을 낼 때가 있어요.
이럴 때 open the door 표현을 써서
'Do you want me to help you open the door?'라고 말해보세요.

오늘의
단어
Door [명사] 문

The sunset is so pretty!
저녁노을은 아주 아름답네요!

Let's go watch the sunset.

저녁노을 보러 가자.

아이를 너무 일찍 재우지 않는다면, 하루의 마지막 활동으로
아이와 함께 저녁노을을 보러 가는 것은 어떨까요?
노을 같은 현상을 구경할 때는 '보다'라는 단어 **watch**를 쓸 수 있어요.
사랑하는 가족과 함께 노을 지는 풍경을 보면 기분도 좋아지고,
따뜻한 빛으로 물드는 구름처럼 마음도 따뜻해져요.

 Sunset [명사] 노을

**I can put away
my toys on my own.**
혼자서 장난감을 치울 수 있어요.

Do you want me to help you put away your toys?

장난감 치우는 걸 도와줄까?

장난감이 여기저기 널브러져 있으면 다칠 수도 있으니 항상 정리를 하게 되지요.
장난감을 가지고 놀고 나서 정리하는 방법을 알려주는 것도
교육활동 중 하나이기 때문에 최대한 일찍 정리 습관을 알려주면 좋대요.
'장난감을 치우다.'는 장난감을 다시 원래 자리로 돌려놓는 것을 말하기 때문에
put away라는 표현을 쓸 수 있어요.

오늘의
단어 **Toy** [명사] 장난감

I don't see it.
안 보여요.

There's a river over there.

저쪽에 강이 있네.

빠르게 변하는 주변 풍경을 보여줄 때 'There's a 사물·동물.'이라는
간단한 문장으로 말할 수 있어요. 특히 새로운 곳에 놀러 갈 때
수십 번도 더 말하게 되는 아주 유용한 표현입니다.
아이에게 세상의 다양한 모습을 소개해보아요.

오늘의
단어 **River** [명사] 강

I can take off
my jacket
on my own.
혼자서 외투를 벗을 수 있어요.

Do you want me to help you take off your jacket?

외투 벗는 것을 도와줄까?

날씨가 따뜻해지면 아이는 금방 더워하며 옷을 벗기 시작해요.
작은 구멍에 팔을 넣고 빼는 일은 생각보다 정교한 힘이 필요하지요.
아이는 옷이 잘 벗겨지지 않아서 답답해하며 소리를 내기도 해요.
옷을 벗기는 것을 영어로 말할 때 **take off** 표현을 사용할 수 있어요.

 오늘의 단어 **Jacket** [명사] 외투

**The mountains
are so big!**
산이 정말 크네요!

Can you see the mountains over there?

저 산들이 보이니?

아이의 시력은 매일매일 발달하지만,
신기한 풍경을 발견할 수 있도록 엄마, 아빠가 도와주어야 할 때도 있어요.
그럴 때 'Can you see the 풍경?'이라고 해보세요.
특히 아주 멀리 있는 풍경을 보여줄 때 유용하게 쓸 수 있는 표현이에요.

 오늘의 단어 **Mountain** [명사] 산

**I can pick up
the balls
on my own.**
혼자서 공을 주울 수 있어요.

Do you want me to help
you pick up the balls?

공 줍는 걸 도와줄까?

엄마, 아빠의 24시간 중 최소 1시간은 아이의 물건을 찾아주거나 주워주는 일로
채워지는 것 같아요. 책, 옷, 손수건, 장난감 등을 주워주다 보면 정신이 없죠.
아이가 스스로 물건을 찾고 떨어진 물건을 줍기 시작하면 너무나 기특해요.
물건을 줍는 것을 영어로 **pick up**이라고 합니다.

 오늘의
단어 **Ball** [명사] 공

It's amazing!
신기하네요!

That cloud is shaped like a heart!

그 구름은 하트 모양 같네!

하늘 위에 두둥실 떠다니는 구름을 볼 때, 아이 옆에 앉아서
구름을 구경하며 즐거운 시간을 보낼 수 있어요.
시시각각 변하는 구름 모양을 관찰하면서 그 모양에 대해 대화를 나누는 것도 좋겠죠.
특히 하트 모양 구름을 발견하면 너무나 사랑스럽지요.
구름 모양에 대해서 말할 때 '**That cloud is shaped like** <u>모양</u>.'이라고 할 수 있어요.

오늘의
단어

Cloud [명사] 구름

I can pet the cat on my own.
혼자서 고양이를 쓰다듬을 수 있어요.

Do you want me to help you pet the cat?

고양이 쓰다듬는 걸 도와줄까?

집이나 친구 집에 귀여운 강아지나 고양이가 있으면 아이가 가서 만지려고 할 가능성이 아주 커요. 아이는 고양이를 어떻게 쓰다듬어 주어야 하는지 몰라서 가끔은 고양이의 털을 강하게 잡을 수도 있어요.
반려동물을 '쓰다듬다'는 **pet**이라고 해요. 엄마, 아빠가 아이의 손을 잡아주며 어떻게 최대한 부드럽게 **pet**할 수 있는지 알려주면 좋겠죠?

 오늘의 단어   **Cat** [명사] 고양이

Is it a cloud?
저게 구름이에요?

Wow! What is that?

와! 저게 뭐지?

아이들은 매일매일 주변을 관찰하고 탐구하며 뇌를 발달시킨다고 해요.
이럴 때 엄마, 아빠가 아이와 함께 나누는 상호작용은 매우 중요하지요.
간단한 문장으로 사물에 대한 대화를 꺼내보세요.
아이의 눈이 반짝반짝 빛나기 시작할 거예요.

 오늘의 단어 **Wow!** [감탄사] 우아!

Do you want me to help you throw the ball?

공 던지는 걸 도와줄까?

아이가 음식을 잘 먹으면 엄마, 아빠 마음이 행복해져요. 그래도 긴장을 놓으면 안 돼요.
음식을 입에 넣지 않고 벽이나 바닥으로 던지기 시작할 수도 있으니까요.
'던지다.'는 영어로 **throw**라고 해요. 자꾸만 음식을 던진다면 일찍부터 아이에게
던져도 되는 물건과 안 되는 물건을 구분해서 알려주면 좋을 것 같아요.

**I can throw
the ball on my own.**
혼자서 공을 던질 수 있어요.

 오늘의
단어

Throw [동사] 던지다

***

집 안에서 나누는 엄마, 아빠와의 교감도 중요하지만 아이들은 집 밖도 탐구하고 싶어 해요.
커다란 나무가 바람에 흔들리는 소리, 파란 하늘을 두둥실 떠가는 구름,
톡톡 터지듯이 피어나는 꽃망울은 아이들에게 큰 호기심을 불러일으키지요.

날씨 좋은 날, 아이와 함께 가까운 공원에 나가보는 게 어떨까요?
그리고 우리 아이의 눈에 담기는 많은 자연 풍경을 엄마, 아빠가 곁에서 자상하게 들려주는 거예요.
이번 달에는 자연이나 동물과 교감하려는 아이를 도와줄 때 쓰는 표현을 다뤄보겠습니다.
엄마, 아빠의 해석 아래에서 아이는 미지의 세계를 조금씩 자신이 이해하는 세계로 바꿔가기 시작할 거예요.
그리고 자연이나 동물과의 교감을 즐기기 시작하겠지요.

**I can hold
my doll on my own.**
혼자서 인형을 안을 수 있어요.

Do you want me to help you hold your doll?

인형 안는 걸 도와줄까?

아이를 꼭 안고 사랑을 많이 주면 아이도 그 행동을 따라 하기 시작해요.
곰돌이 인형을 하루 종일 껴안고 싶어 하기도 하고, 인형을 꼭 안고 자기도 하고요.
저희 아이 체리는 자기 전에 고양이 인형을 안고 자고 싶어 했어요.
아이의 작은 두 팔에 인형이 꼭 안길 수 있도록 도와주곤 했답니다.
그때 이 표현을 자주 사용했어요.

 오늘의
단어 **Doll** [명사] 인형

AUGUST
NATURE
집 밖의 세상을 탐험해요

8월

집 밖으로 향하는
꼬마 탐험가들에게
다정한 이야기를
건네보아요

**I can scratch
my back on my own.**
혼자서 등을 긁을 수 있어요.

Do you want me to scratch your back?

등을 긁어줄까?

아이가 모기에 물렸는지 등이 간지럽나 봐요.
한국말로는 이런 경우에 '긁어줄까?'라고 하지요?
이 표현을 직역해서 '**Do you want me to scratch you?**'라고 하면,
위협하는 말처럼 들려요. **Scratch** 뒤에 **back**(등), **leg**(다리), **foot**(발) 등
신체 부위를 말하지 않으면 '아프게 할퀴어줄까?'처럼 들리거든요.
꼭 신체 부위와 함께 사용하세요.

 오늘의
단어 **Scratch** [동사] 긁다

Please hold Mommy's hand in the parking lot.

주차장에서는 엄마 손을 꼭 잡자.

집 안에서는 아이가 어느 정도 자유롭게 돌아다닐 수 있지만,
집 밖에는 위험한 요소가 많기 때문에 아이를 잘 지켜야 해요.
가장 안전한 방법은 아이의 손을 잡는 거예요.
특히 주차장이나 건널목이나 사람이 많은 곳에 있을 때는
아이에게 'Hold my hand.'라고 말해보세요. 이 좋은 습관을 키우면,
아이는 공공장소에 있을 때마다 알아서 보호자의 손을 잡겠죠.

 오늘의
단어 **Parking lot** [명사] 주차장

**I can sit
in my chair
on my own.**
혼자서 의자에 앉을 수 있어요.

Do you want me to help you sit in your chair?

의자에 앉는 것을 도와줄까?

아이가 걷기 시작하면 가구에 올라가서 앉으려고 해요.
이때쯤 아이용 의자를 선물해주면 좋죠.
처음에는 낯설어서 의자에 올라가 앉는 것을 어려워해요.
의자에 앉기 어려워하는 아이를 도와주면서 **help you sit in your chair**라고 말하면 좋아요.
다행히 아이는 몇 주 안에 도움 없이도 잘 앉을 수 있어서 이 표현을 오랫동안 쓰지 않아도 돼요.

 **Chair** [명사] 의자

Please calm down.

진정하렴.

낮잠을 제대로 못 잤거나 배고픈 상태가 되면 아이들은 쉽게 짜증을 내곤 해요.
아이들이 폭발하면 부모님도 폭발하기 쉽지요.
하지만 너무 감정적으로 받아들이지 말고 자신을 진정시키는 방법을 찾는 것이 좋아요.
그리고 차분한 목소리로 아이에게 '**Please calm down.**'이라고 말할 수 있겠지요.
엄마, 아빠가 흥분하지 않으면 아이가 진정하는 데도 큰 도움이 될 거예요.

 팁 갑자기 폭발하듯 짜증이 나는 상황을 **have a fit**이라고 해요.

오늘의
단어   **Calm down** [구동사] 진정하다

**I can open
my snack on
my own.**
혼자서 열 수 있어요.

Do you want me to open
your snack for you?

과자 봉지를 열어줄까?

아이가 귀엽고 작은 손으로 과자를 내밀며 열어 달라고 하는 모습은 참 귀여워요.
이런 때에 아주 간단하게 **open** 단어를 써서 말할 수 있어요.
언젠가 도움 없이 스스로 과자 봉지를 열 수 있게 되겠죠?
아이 손이 닿지 않는 곳에 과자 봉지를 보관해야 하는 날이 곧 올 것 같아요.

 오늘의
단어 **Snack** [명사] 간식

Please ask nicely.

공손하게 부탁해야지.

주위 사람들이 모두 자신을 위해서 열심히 노력한다는 것을 아이가 알기 시작하면,
어른들에게도 함부로 명령하는 안 좋은 습관이 생길 수 있어요.
이럴 때 'Please ask nicely.'라고 말해볼 수 있어요.
'Ask nicely.'에는 '공손하게 부탁하세요.'라는 의미가 들어 있어요.

 다른 사람에게 함부로 이래라저래라 명령하는 것을 bossing someone around라고 합니다.
'Don't boss me around(내 앞에서 거만하게 굴지 마).'라고 할 수도 있어요.

오늘의
단어 **Ask** [동사] 부탁하다

6월

아이가 상황을
파악할 수 있도록
구체적으로 지시해요

Please let go of my legs.

엄마 다리 놔주렴.

아이가 엄마, 아빠를 너무 좋아해서 다리를 잡고 아무 데도 못 가게 하기도 해요.
그 모습이 귀엽기도 하지만 엄마, 아빠가 넘어지기라도 하면 아이가 크게 다칠 수도 있어요.
'**Don't hold onto my legs**(다리 잡지 마).'라고 할 수도 있지만,
'**Please let go of my legs.**'라고 부탁하는 말을 쓸 수도 있어요.

 'Let go of~'는 '~를 놓다'라는 뜻이에요. 다리뿐만 아니라 어떤 물건을 쥐고 안 내놓으려는 상황에서
도 이 표현을 응용해서 쓸 수 있답니다.

오늘의
단어   **Leg** [명사] 다리

***

아이는 언젠가부터 하면 안 되는 행동을 하기 시작할 거예요.

처음에는 당황해서 가장 빠르고 쉬운 말인 '안 돼!' 혹은 '하지 마!'와 같은 표현을 쉽게 쓰곤 하지요.

저희 아이 체리가 위험한 케이블을 만지기 시작하고,

함부로 서랍장에 기어 올라가려고 할 때 '안 돼!' 'No!'라는 말을 많이 썼답니다.

그런데 '안 돼.' '하지 마.' 'No.'라는 말은 아이에게 애매하게 들린다고 해요. 무엇을 그만하라는 건지 정확하게 묘사하지 않기 때문이지요.

그래서 진지하고 단호한 목소리로 어떤 행동을 하면 안 되는지까지 구체적으로 문장에 포함해서 말을 하고 있습니다.

'안 된다.'라는 지시 문장 속에서도 아이는 상황과 문맥을 파악하기 때문에, 문장 속 어휘를 습득할 수 있어요.

게다가 이유를 납득할 수 있는 설명을 들으면 이해력이 더 확장될 수 있지요.

Let your food cool down.

음식이 조금 식을 때까지 기다리자.

식당에서 주문한 음식이 막 나왔을 때는 조금 뜨거울 수 있어요.
하지만 아이들은 너무 배고픈 나머지 소리를 지르기도 하지요.
아직 먹지 말라는 말로 'Don't eat your food yet(아직 먹지 마).'라고 할 수 있지만,
'Let your food cool down.'이라고 말할 수도 있어요. 사람이 많은 식당에서 참을성 있게
음식을 기다리는 법을 배우는 것도 사회성 교육이니까요.

 오늘의
단어 **Cool down** [구동사] 식다

^{지시}

Don't throw your food.

네 음식을 던지지 마.

^{이유}

You need to eat your food.

네 음식은 먹어야지.

아이는 음식을 먹다가 던지기도 해요. 처음엔 이것도 귀엽다고 생각할 수 있지만,
안 좋은 습관으로 굳어버리기 전에 음식을 던지면 안 된다는 걸 알려주면 좋아요.
'**Don't throw your food.**'라고 말해보고, 왜 안 되는지 이유도 간단하게 설명해주세요.
처음엔 이해하지 못하겠지만 부모님의 표정과 말투로 점점 알게 될 거예요.

 오늘의
단어   **Don't** (do not의 축약형) ~를 하지 마

Please be kind to the cats.

고양이를 착하게 대해야지.

동물에게는 사람처럼 뚜렷한 표정이 없어요.
그래서 어떤 아이들은 동물에게도 기분이 있다는 걸 잘 몰라서,
재미로 겁을 주려고 할 수도 있지요. '**Don't scare the cats**(고양이에게 겁주지 마).'라고
할 수도 있겠지만, '**Be kind to the cats.**'이라고 말하며
어떻게 고양이를 대해야 하는지 알려주는 것도 좋은 방법이겠어요.

 오늘의 단어 **Kind** [형용사] 착한

지시
Don't climb your bookshelf.

책장에 올라가지 마.

이유
You might fall and get hurt.

넘어져서 다칠 수 있으니까.

기어 다니기의 다음 단계는 걷기라고 생각하기 쉽지만, 사실 그 중간에 무서운 단계가 있어요.
바로 가구에 마구 올라가려는 행동이에요. 소파는 비교적 안전할 수도 있지만
가끔 위험한 책장 같은 곳에 올라가려고 할 수도 있죠.
사고가 일어나기 전에 즉시 **'Don't climb your bookshelf.'**라고 말하며 제지합니다.

 아이의 책장이면 **your**라고 하지만 다른 책장에 대해서 말할 때는 **your** 대신 **the**라고 해야 해요.

오늘의
단어 **Climb** [동사] 올라가다

Please lie down and go to sleep.

침대에 누워 코 자렴.

어떤 아이들은 잠자기를 거부하고 밤새도록 놀고 싶어 해요.
침대 위에서 뛰어다니기도 하지요.
하지만 침대는 뛰는 곳이 아니라 누워서 잠을 청하는 곳이에요.
차분히 **'Please lie down and go to sleep.'** 이라고 말해볼 수 있어요.
이 표현을 쓰기 전에 아이들이 잠을 청할 수 있도록
아늑한 분위기를 조성해주는 것이 먼저겠지요.

 오늘의 단어 **Lie down** [구동사] 눕다

지시

Don't grab Mommy's hair.

엄마 머리카락을 잡지 마.

이유

It hurts.

아프니까.

가끔 아이들 눈에는 장난감보다 엄마, 아빠의 머리카락이 더 재미있어 보이나 봐요.
손힘은 얼마나 센지, 한번 잡히면 머리카락이 우수수 뽑혀버리기도 하지요.
앞으로 비슷한 사고가 발생하지 않도록, 엄마나 아빠의 머리카락은 잡는 것이 아님을
확실히 알려주면 좋겠어요. 움켜쥐는 행위는 **grab**을 써서 표현할 수 있습니다.

 오늘의 단어 **Grab** [동사] 잡아당기다

Please be careful with the remote control.

리모컨 만지는 거 조심하렴.

아이들은 가끔 텔레비전에 나오는 만화보다 리모컨이 더 재밌다고 생각하는 것 같아요.
여러 가지 신기한 버튼을 꾹꾹 누르고 화면이 휙휙 넘어가는 것이 참 신기한가 봐요.
하지만 장난감인 줄 알고 함부로 다루다가는 리모콘을 망가트릴 수 있잖아요.
이런 경우에는 'be careful with _____.' 표현을 쓸 수 있어요.
조심히 다뤄달라는 의미가 있습니다.

 오늘의
단어 **Remote control** [명사] 리모컨
* 참고로 remote만 말할 수도 있어요

^{지시}

Don't chew on the electric cord.

전기선을 씹지 마.

^{이유}

You might get hurt.

다칠 수 있으니까.

이가 나기 시작하면, 아이는 뭐든지 입에 넣고 씹으려고 해요.
부드러운 아이용 장난감은 씹기에 좋지만, 한눈파는 사이에 위험한 물건도
입에 넣으려고 할 수 있으니 항상 옆에서 잘 봐야겠지요. 특히 전기선 같은 경우에는요.
처음엔 이가 너무 작아서 위험하지 않다고 여길 수 있지만,
생각보다 아이들의 턱 힘은 굉장히 강해요.

 오늘의 단어 **Chew** [동사] 씹다

Please say hello to your grandmother.

할머니에게 인사해야지.

아이들은 사교적인 경험을 쌓아가는 중이라서,
가끔은 다른 사람을 쳐다보지도 않고 인사를 안 하려고 할 수도 있죠.
상대방 기분을 나쁘게 하려는 것은 아니겠지만,
아이에게 예의 바르게 인사하는 방법을 알려주는 것도 좋아요.
인사는 사회관계를 맺는 첫 단계니까요.
인사하라고 말해볼 때는 '**Please say hello to** 사람.'이라고 말할 수 있습니다.

 오늘의 단어   **Grandmother** [명사] 할머니

지시

Don't spit out your milk.

우유를 뱉지 마.

이유

You need to drink your milk.

우유는 마시라고 있는 거야.

아이가 소화가 안 되어서 실수로 우유를 입에서 흘릴 때도 있지만, 가끔은 재미로 음식이나
우유를 뱉기도 해요. 열심히 식사를 준비했는데 입에서 뱉어 내면 섭섭하겠지만,
화를 내는 것보다 안 되는 행동을 분명히 지적해보도록 해요.
음식이나 음료수를 내뱉는 것을 영어로는 **spit out**이라고 해요.

 오늘의 단어 **Milk** [명사] 우유

Please sit on my lap.

내 무릎에 차분히 앉아 있으렴.

예의를 지켜야 하는 공공장소에서 아이가 차분히 행동하지 않으면 진땀이 나지요.
무릎 위에 앉혔는데 가만히 있지 못하고 펄쩍 뛰면 더 당황스러워요.
내 품에서 펄쩍 뛰는 아이에게 'Don't jump on me(내 품에서 뛰지 마).' 하고
나무랄 수도 있겠지만, 좀 더 긍정적으로 표현하고 싶으면
'Please sit on my lap.'이라고 말할 수도 있어요.

 오늘의 단어   **Lap** [명사] 무릎

지시
Don't take off your jacket.

외투를 벗지 마.

이유
It's cold outside.

밖이 추우니까.

그다지 덥지 않아도 아이들은 재미로 옷을 벗을 수 있어요.
옷을 스스로 벗을 수 있다는 사실이 신기해서 놀이처럼 여러 번 반복하려고도 하지요.
이런 경우에는 **take off your clothes**(옷) 표현을 사용해서 아이에게 알려주면 좋아요.

 오늘의 단어 **Take off** [구동사] 벗다

Please show your toys to your friend.

네 장난감을 친구들에게 보여줘.

아이에게 조금씩 소유에 대한 개념이 생기면 다른 친구들에게
자신의 장난감을 보여주기를 꺼리게 될 때도 있어요.
하지만 이는 자연스러운 현상이니까 욕심이 많은 나쁜 아이라고 혼낼 필요는 없어요.
대신에 어떤 행동을 하면 좋을지 보여주세요.
'Please show your toys to your friend.'라고 말하며 친구들과 함께
즐거운 시간을 보낼 수 있다는 점을 알려줄 수 있겠지요.

오늘의
단어   **To** [전치사] ~에게

지시
Don't run away from Daddy.
아빠한테서 도망가지 마.

이유
You might get lost.
길을 잃을 수 있으니까.

아이가 뛰는 것에 능숙해지기 시작하면 술래잡기 놀이를 즐기게 돼요.
낯선 장소에서는 아이가 뛰다가 길을 잃어버릴 수 있으니 위험해요.
'누구에게서 도망간다.'는 행동을 영어로는 'run away from 사람'이라고 하고,
'길을 잃다.'는 get lost라고 말해요. 아이가 도망가려고 하면
손을 꽉 잡고 'Don't run away from me.'라고 해보세요.

오늘의 단어 **Run away** [구동사] 도망가다

Please leave the cables alone.

전기선은 건들지 말자.

구불구불한 전기선은 아이들에게 재미있는 장난감처럼 보이나 봐요.
하지만 함부로 만지다가 큰 사고가 날 수 있지요.
'위험한 건 건들지 마.'라고 말할 때 **leave alone** 표현을 쓸 수 있어요.
전기선 외에도 뜨거운 접시나 날카로운 선인장을 만지려고 할 때도
이 표현을 응용할 수 있답니다.

 오늘의 단어 **Leave alone** [구동사] 내버려 두다

지시
Don't grab the kitty's tail.

고양이 꼬리를 잡지 마.

이유
The kitty doesn't like it.

고양이가 좋아하지 않으니까.

고양이 꼬리는 보드랍고 신기해요.
살랑살랑 움직이는 고양이 꼬리가 아이들 눈에는 얼마나 재미있어 보일까요?
아이가 꼬리를 잡으려고 할 때가 있어요. 머리카락을 움켜쥐는 것과 마찬가지로 꼬리를 잡는 것도
grab을 써서 말할 수 있어요. 그런데 고양이는 꼬리 잡히는 것을 썩 좋아하지 않는답니다.
아이에게 고양이가 싫어한다는 걸 확실히 알려줘야 해요.

 오늘의 단어 **Tail** [명사] 꼬리

Please knock
on the door.

문에 노크를 하자.

아이들은 가끔 힘 조절을 못해서 노크 대신에 문을 세게 쾅쾅 치기도 해요.
'Don't bang on the door(문을 쾅쾅 치지 마).'라고 할 수도 있지만
'Please knock on the door.'라고 말하면서 직접 노크하는 모습을 보여주는 것도 좋아요.
엄마, 아빠는 우리 아이의 좋은 선생님이잖아요. 아이들은 엄마, 아빠가 어떻게 행동하는지
관찰하고 배우지요. 처음에는 힘 조절이 어렵더라도 금방 배우게 될 거예요.

 오늘의 단어 **Knock** [동사] 두드리다

^{지시}
Don't take Mommy's cup.
엄마 컵을 가져가지 마.

^{이유}
It's Mommy's cup
엄마 컵이니까.

식사 중에 아이가 엄마, 아빠의 식기구로 장난치려 할 때가 있어요.
처음엔 그 모습이 귀여워 보이긴 해도, 자꾸 반복하면 답답해질 수도 있죠.
'가져가다'는 영어로 **take**라고 하고 가져가지 말라고 말할 때는 '**Don't take** 사물.'이라고 말할 수 있어요.
아이도 조금씩 다른 사람의 물건과 자신의 물건을 구분하고 이해하기 시작할 거예요.

오늘의 단어 **Cup** [명사] 컵

Please keep your clothes on.

계속 옷을 입고 있자.

아이들은 알몸에 대한 부끄러움이 없어서 다른 사람 앞에서 옷을 훌러덩 벗곤 해요.
하지만 공공장소에서 옷을 벗는 것은 예의에 어긋나는 행동이에요.
추운 날씨에는 감기에 걸리기도 쉽고요.
이런 경우에 'Please keep your clothes on.'이라고 할 수 있어요.
여기서 **keep**은 '계속, 유지해.'라는 뜻입니다.

 오늘의 단어 **Clothes** [명사] 옷

지시
Don't hit your friend.

친구를 때리지 마.

이유
It's not nice.

좋은 행동이 아니니까.

아이의 대근육과 소근육이 발달하면서 손으로 해볼 수 있는 일들이 늘어나기 시작해요.
그중 하나가 손으로 사물을 치는 것이지요. 손에 잡히는 음식이나 장난감을
손바닥으로 쳐보다가 다른 사람이나 친구에게 이 행동을 하기도 해요.
물론 아이는 나쁜 의도로 그런 것은 아니겠지만,
그 자리에서 잘못되었다고 지적해주는 것이 좋겠죠?

 오늘의 단어 **Hit** [동사] 때리다

Please stay in your car seat.

카시트에 가만히 앉아 있으렴.

아이들은 운동 능력이 좋아질수록 탈출하는 능력도 점점 좋아져요.
그래서 카시트에서 쉽게 탈출하려고 할 수도 있죠.
답답한 마음은 이해하지만, 안전을 위해서 카시트에 꼭 앉아 있어야 하지요.
'어디 가지 마.' '가만히 있어.'를 표현할 때 stay라고 말할 수 있어요.
'그 자리에서 나오지 마.'라는 뜻이에요.

 오늘의 단어 **Car seat** [명사] 카시트

지시
Don't touch the plate.

접시를 만지지 마.

이유
It's very hot.

너무 뜨거우니까.

아이와 밥 먹을 때 가끔 접시나 그릇이 아주 뜨거울 수 있잖아요.
아이의 작고 사랑스러운 손가락이 다칠 수 있으니
뜨거운 것을 만지려고 할 때는 즉시 '만지지 마!'라고 말해야겠죠?
이런 상황에서 영어로도 바로 말할 수 있도록 'Don't touch 사물.'이라는 표현을 외워두세요.

오늘의 단어 **Touch** [동사] 만지다

Please gently turn the pages.

책장은 조심스럽게 넘기는 거야.

함께 책을 읽다가 아이가 실수로 책을 찢었을 때 뭐라고 하면
좋을까요? **'Don't tear the pages**(찢지 마).'라고 할 수도 있겠지만,
아이는 손에 힘을 조절하지 못해서 실수로 찢었을 가능성이 크잖아요?
조심스럽게 페이지를 넘길 수 있는 방법을 보여주면서
'Please gently turn the pages.'라고 말해볼 수 있어요.

 오늘의 단어 **Gently** [부사] 다정하게, 부드럽게

지시

Don't play with the door.

문 가지고 놀지 마.

이유

You might hurt your fingers.

손가락을 다칠 수도 있으니까.

아이가 장난감을 가지고 놀거나 형제나 엄마, 아빠와 놀 때 **play**라는 동사를 써요.
그런데 아이들은 가지고 놀면 안 되는 위험한 물건에도 관심이 생길 때가 있지요.
유리잔이나 위험한 문을 장난감처럼 가지고 놀 때도 **play** 표현을 쓸 수 있답니다.

 오늘의 단어 **Play** [동사] 놀다

Please stay still.

가만히 있어 주렴.

옷을 입거나 밥을 먹을 때 놀고 싶은 마음에 아이가 자꾸 일어나거나
다른 쪽으로 가려고 하기도 해요.
이럴 때 부모님은 답답함을 느끼기도 합니다.
하지만 중요한 건 아이에게 'Don't move(움직이지 마)!' 하고 화를 내지 않고
차분한 목소리로 'Please stay still.'이라고 하는 거예요.
처음엔 효과가 없을지 몰라도, 언젠가 아이도 무슨 뜻인지 알겠죠?

 오늘의 단어 **Still** [부사] 가만히 있는

지시
Don't put your hands in the trash can.

쓰레기통에 손 넣지 마.

이유
Your hands might get dirty.

손이 더러워지니까.

아이들은 눈, 코, 입, 귀로 세상을 탐구하기 시작하지만
소근육이 발달하고 손 조정력이 좋아지면 손으로도 세상을 탐구하려 해요.
아이들은 어디까지 탐구해도 괜찮은지 잘 모르기 때문에,
쓰레기통이나 변기 같은 곳에도 손을 넣으려고 하지요.
이때 아이를 제지하면서 'Don't put your hands in 장소'라고 하면 돼요.

오늘의
단어
Trash can [명사] 쓰레기통

Please put that in the trash can.

그건 쓰레기통에 넣어주렴.

아이들은 장난감을 입에 넣는 것도 좋아하지만,
위험한 조약돌이나 나뭇잎, 나뭇가지 등도 입에 넣으려고 할 때가 있어요.
작은 물건들은 입에 들어가면 위험하니까 아이에게 구별하는 방법을 알려주면 좋겠지요.
'**Don't eat that**(그거 먹지 마).'라고 말하는 것도 좋지만, 위험한 물건들을 구분하며
쓰레기통에 함께 넣고 '**put that in the trash can.**'이라는 표현을 써볼 수도 있어요.

 **In** [전치사] 안

오늘의 단어

지시
Don't rip the pages.
책장을 찢지 마.

이유
You need to take care of your books.
책을 잘 보관해야 하니까.

많은 아이가 책을 좋아하지요. 가끔은 책 내용보다 책장을 넘기는 데 재미를 붙이기도 해요.
놀이를 하듯 책을 찢으면서 즐거운 기분을 느끼기도 하지요.
상황이 지나치면 하지 말라는 말을 해줘야겠지요? 이럴 땐 'Don't rip the pages'라고 할 수 있어요.
이유를 설명할 때는 **take care**(챙기다·잘 보관하다)를 기억하세요.

오늘의
단어

Rip [동사] 찢다

Please pet the cat like this.

고양이는 이렇게 쓰다듬는 거야.

아이는 동물을 때리거나(**hit**) 꼬집을(**pinch**) 수도 있어요.
고양이를 꼬집는 아이에게 '**Don't pinch the cat**(고양이를 꼬집지 마).'라고
할 수도 있겠지만, 차분하게 쓰다듬는 방법을 알려주는 것이 더 좋겠지요.
아이에게 쓰다듬는 방법을 알려줄 때 **like this**를 붙여보세요.
Like this는 '이렇게'라는 뜻인데 아이에게 어떤 행동을 보여줄 때 유용하게 쓸 수 있습니다.

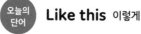 오늘의 단어 **Like this** 이렇게

지시
Don't jump off the bed.

침대에서 뛰어내리지 마.

이유
You might get hurt.

다칠 수 있으니까.

아이들은 겁이 없어요. 높은 침대에 올라갔다가 마구 뛰어내리기도 하지요.
크게 다칠 수도 있으니 조짐이 보이면 즉시 'Don't jump off the bed.'라고
말하면서 아이를 침대에서 내려주세요.
안전하게 다리부터 기어 내려오는 방법을 알려주는 것도 좋겠네요.
여기서 jump off는 '침대, 다이빙보드, 의자 등에서 뛰어내리다.'라는 뜻이에요.

 오늘의 단어 **Jump** [동사] 뛰다

Please walk.

걸어보자.

아이의 어색한 걸음걸이는 시간이 갈수록 점점 자연스러워지고,
눈 깜짝할 새 뛰기 시작해요. 이때부터 부모님은 더 바빠지지요.
특히 위험한 주차장이나 인도에 있을 때는 긴장을 늦출 수 없게 돼요.
이럴 때는 아이에게 뛰지 말고 걸어야 한다고 표현해야 해요.
가장 짧고 간단한 표현은 'Please walk.'예요.

 팁 빨리 걸으려는 아이에게는 'Please slow down(조금 천천히 걷자).'라는 표현도 쓸 수 있습니다.

오늘의
단어 **Please** [착한 제안을 하는 명령] 자

^{지시}

Don't eat that stick.

그 나뭇가지를 먹지 마.

^{이유}

It's not food.

음식이 아니니까.

가끔 아이들 눈에는 모든 것이 음식으로 보이나 봐요.
바닥에 떨어진 플라스틱 생수병도, 나뭇가지도, 장난감도 입에 넣으려고 할 때가 있지요.
입에 넣어도 위험하지 않다면 놔두어도 되겠지만, 위험한 물건이라면
아이에게 '**Don't eat that** <u>물건</u>.'이라고 말해줘야 돼요.
앞으로 그 표현을 쓰면 '먹으면 안 되는구나.' 하고 이해하겠죠.

 오늘의
단어   **Stick** [명사] 막대기

Please set your bottle on the floor.

우유병은 바닥에 놓아주렴.

아이가 손 조정력이 좋아지면 물건을 바닥에 그냥 내동댕이치는 대신
조심스럽게 바닥에 내려놓는 방법을 아이에게 알려줄 수 있어요.
그냥 바닥에 던지면 물건이 깨지거나 바닥이 더러워질 수 있으니까요.

 오늘의 단어 **Floor** [명사] 바닥

^{지시}
Don't give your food to the dog.

강아지에게 네 음식을 주지 마.

^{이유}
It's your food.

네 음식이니까.

아이와 강아지가 가장 빨리 친해지는 방법은 아마 음식을 통해서인 것 같아요.
아이가 실수로 음식을 떨어뜨리면 강아지가 달려와 떨어진 음식을 먹지요.
아이가 똑똑해지면 이 상황을 이해하고 놀이처럼 강아지에게 음식을 주려고 해요.
안 좋은 습관으로 굳어지기 전에 'Don't give your food to the dog.'라고 말해주세요.

 오늘의 단어 **Dog** [명사] 강아지

Please ask the man for candy.

아저씨한테 사탕 달라고 여쭤봐.

아이들은 어떤 장난감이나 간식을 봤을 때, 묻지도 않고 그냥 손에 들고 오기도 해요.
어린이나 성인이 이런 행동을 하면 '훔치는 것(stealing)'이지만, 아이들은 그 개념을 잘 모르잖아요.
대신에 어떤 물건을 받고 싶을 때 허락을 구하는 방법을 알려주면 더 좋을 것 같아요.
뭘 달라고 허락받을 때 'ask somebody for something.'이라고 할 수 있어요.

오늘의
단어 **Man** [명사] 아저씨

지시

Don't take out your toys.

장난감을 꺼내지 마.

이유

It's time to go to bed.

잘 시간이니까.

아이들은 너무 졸려도 놀고 싶어 할 때가 있어요.
자야 할 시간에도 장난감 상자로 달려가 장난감을 마구 꺼내려고 하지요.
그래도 아이의 건강을 위해서 수면 시간은 잘 지켜야 해요.
장난감을 꺼내는 아이에게 '**Don't take out your toys.**'라고 말해보세요.
여기서 **take out**은 '꺼내다.'라는 뜻이에요.

 오늘의 단어　**Take out** [구동사] 꺼내다

Please hand me the blocks.

블록을 건네주렴.

아이들은 자신의 힘이 얼마나 센지 몰라서 물건을 건넬 때 던지는 방법을 쓰기도 해요. 하지만 엄마, 아빠가 물건을 건네주는 모습을 보면서 조금씩 배우기 시작하겠죠? 조심스럽게 물건을 건네는 것은 보통 손으로 하니까 **hand** 동사를 사용할 수 있습니다.

 오늘의 단어 **Block** [명사] 장난감 블록

JUNE

INSTRUCTIONS

지시

Don't pull on the curtains.

커튼을 당기지 마.

이유

You might get hurt.

다칠 수 있으니까.

아이의 몸은 작지만 생각보다 힘이 세요.
집에 있는 가구나 커튼 같은 걸 잡아당기기도 하지요.
하지만 커튼을 잡아당기면 크게 다칠 수 있으니까 조심해야 해요.
급하게 뭘 잡아당기지 말라고 말할 때 **'Don't pull on 물건'**이라는 표현을 써보세요.

오늘의 단어 **Curtain** [명사] 커튼

Please keep your hands to yourself.

손으로 아무거나 만지지 말렴.

식당에 데리고 갔는데 비싼 그릇을 자꾸 만지려고 하면 어떻게 할까요?
미술관에 데려갔는데 조각상을 자꾸 만지려고 하면요?
뭐든지 만지고 탐색하고 싶은 마음은 이해하지만,
궁금하다고 뭐든지 만질 수 있는 것은 아니에요.
만지는 것에도 한계가 있다는 사실을 아이에게 알려줘야 하지요.

💡팁 'Don't touch that.'이라고 말할 수도 있지만, 미국에서는 이런 경우에
'keep your hands to yourself.'라고 말하는 부모님을 많이 볼 수 있어요.
'자기 손을 자기 몸에 가까이 붙여라.'라는 뜻인데, '아무것도 만지지 마.'라고 친절하게 말하는 것이죠.

오늘의 단어 **Keep** [동사] 유지하다

지시
Don't push your friend.

친구를 밀지 마.

이유
It's not nice.

착한 행동이 아니니까.

아이들이 무언가 잡아당길 수 있으면 당연히 세게 밀 수도 있겠죠?
아이들은 가끔 무거운 장난감을 스스로 들거나 밀어 보이며,
자기 힘에 대해 신기해하기도 해요.
그 힘을 친구에게 보여주면 갈등이 생기겠지요?
만약에 친구를 미는 행동을 한다면 'Don't push 사람·동물.'이라고 하면서 제지해주세요.

 오늘의
단어 **Push** [동사] 밀다

Please tell me the truth.

사실대로 말해주면 좋겠구나.

가끔 아이들은 과자를 이미 다 먹었는데도, 아직 안 먹었다고 거짓말해요.
아이들은 솔직하게 말하는 것이 왜 중요한지 모를 수 있으니까
'**Don't lie to me**(거짓말하지 마).' 하고 화내는 것은 큰 효과가 없을지도 몰라요.
솔직하게 말하기, 즉 '**tell the truth.**'를 자주 강조해주고,
아이들이 사실을 솔직하게 말할 때마다 감사함을 표현해주도록 해요.
나중에 커서도 엄마, 아빠에게 솔직하게 털어놓는 것을 꺼리지 않도록이요.

오늘의 단어	**Truth** [명사] 사실

지시
Don't scratch me.

나를 할퀴지 마.

이유
It hurts.

아프니까.

생각보다 아이의 손톱은 매우 날카로워요.
문제는 이 사실을 모르는 아이가 실수로 주변 사람을 할퀴는 일이 많다는 건데요.
아이가 일부러 그러는 건 아니니까 아이 손을 부드럽게 잡고 'Don't scratch me.'라고 해보세요.
날카롭지 않도록 손톱을 다듬어준다면 금상첨화겠죠?

오늘의 단어   **Me** [대명사] 나

Ask your friend if you can play with his toy.

친구에게 장난감을 써도 되는지 물어보렴.

아이들 눈에 다른 아이들의 장난감은 부러움의 대상이에요.
예의를 배우는 중인 아이들은 충동적으로 장난감을 뺏으려고 하기도 하지요.
이럴 때 아이를 나무라지 말고 남의 물건을 존중하는 방법과,
허락을 구해야 한다는 개념을 배울 수 있도록 가르쳐주면 좋아요.
'Don't take your friends toy(친구의 장난감을 뺏지 마).'라고 말하는 것도 방법이겠지만,
허락을 구하는 방법을 알려주는 것이 가장 좋겠지요.

 오늘의 단어 **Friend** [명사] 친구

지시

Don't put that in your mouth.

그거 입에 넣지 마.

이유

You might choke.

목에 걸릴 수 있으니까.

아이가 어릴 때는 자기 앞에 있는 물건을 무조건 입에 넣으려고 하기도 해요.
어떤 물건들은 위험하지 않겠지만 목에 걸릴 수 있는 작은 물건은 아주 위험해요.
'Don't put that in your mouth.'라고 말하고, 만약 아이가 작은 물건을 빼앗기고 울기 시작한다면
대체할 수 있는 안전한 물건을 주는 것이 좋아요.

오늘의
단어 **Put** [동사] 넣다

Please use
your indoor voice.

실내에서의 목소리를 쓰도록 하자.

조잘조잘 이야기하는 아이는 정말 사랑스럽지만 장소에 따라
사랑스러움이 난처함으로 바뀌기도 하지요.
조용한 도서관이나 미술관에서는 목소리를 낮추는 것이 예의니까요.
하지만 아이는 아직 '여기서 크게 말하면 안 된다.'라는 기준이
어디서부터 어디까지 적용되는지 모를 수 있어요.
이런 때 **indoor voice**(실내에서의 목소리) 개념을 알려주면 좋아요.

팁 'Stop talking so loud(크게 말하지 마).'라고 명령할 수도 있지만, indoor voice 개념을 배운 아이
는 조금씩 목소리 크기를 조절해나갈 수 있을 거예요.

오늘의
단어 **Indoor** [형용사] 실내용

지시
Stop squirming around.

꿈틀대지 마.

이유
I need to change your diaper.

기저귀를 갈아입히는 중이잖니.

아이는 사랑스러운 인형 같기도 하지만 잠시도 가만히 있지를 않지요.
잠깐 기저귀를 갈아주려고 할 때도 꿈틀대고 움직여서 진땀을 빼게 만들기도 하지요.
그래도 참을성 있게 이해해주고 사랑스러운 목소리로 말을 걸려고 노력해봅니다.
절대로 아이에게 화내면 안 되니까요.
아이가 가만히 있지 못하고 꾸물대는 행동을 할 때는 **squirming around**라고 말할 수 있어요.

 오늘의 단어 **Squirm** [동사] 꿈틀대다

Please be gentle with the dog.

강아지를 부드럽게 대하자.

아이가 다른 친구를 실수로라도 다치게 하면, 바로 알 수 있어요.
울음을 터트리며 엄마, 아빠에게 뛰어갈 테니까요.
하지만 강아지나 고양이는 그럴 수가 없어요.
동물들을 조심스럽게 대할 수 있는 방법을 알려주는 것이 중요합니다.
어떤 사람, 동물, 혹은 쉽게 깨질 수 있는 유리 같은 물건을 조심스럽게 대할 때
be gentle with라는 표현을 쓸 수 있어요.

 오늘의 단어 **Gentle** [형용사] **부드럽게**

지시
Don't close the book.

책을 덮지 마.

이유
I'm reading it to you.

너에게 읽어주고 있잖아.

미국에서는 아이를 재우기 전에 꼭 책을 읽어요.
그리고 이 시간을 **story time**(동화책 시간)이라고 하지요.
아이에게 책을 읽어주고 있는데 아이가 실수로 혹은 재미로 책을 덮어버리는 경우가 있어요.
책을 덮는 행동은 영어로 **close**라고 표현할 수 있답니다. 문을 닫는 것처럼요.

 오늘의 단어 **Close** [동사] 책을 덮다

Please share the snack with your brother.

동생이랑 과자를 나눠 먹으렴.

아이들은 생각보다 감성 지능이 빨리 늘어요.
엄마나 아빠의 목소리만 듣고도 기분을 감지해내곤 하지요.
하지만 아무리 감성 지능의 잠재성이 높은 아이일지라도 다른 사람의 감정에 대해
알려주지 않으면 감성 지능을 키워나갈 수 없어요.
어릴 때는 다른 사람과 나누는 개념을 배우기 시작하는데요,
이럴 때는 **share with** 표현을 쓸 수 있습니다.

 과자를 독식하려는 아이에게 '**Don't eat the snack by yourself**(혼자서 과자 다 먹지 마).'라고
말하는 것보다, 이 표현을 쓰면 아이가 스스로 과자를 나눈다는 주체성이 더 강조되어 좋아요.

오늘의
단어 **Share** [동사] 나누다

지시
Don't poke the dog.

강아지를 찌르지 마.

이유
The dog doesn't like that.

강아지가 좋아하지 않으니까.

아이는 자기 손가락을 쓰는 방법을 점차 알아가기 시작해요.
그러다가 검지손가락을 세우고 뭐든지 찔러볼 수도 있지요.
처음에는 귀여운 행동처럼 보이겠지만 사람이나 동물을 찌르기 시작하면 문제가 될 수도 있겠죠?
손가락으로 찌르는 건 poke라고 해요. 손가락으로 마구 찌르는 아이를 제지할 때 이 표현을 사용해보세요.

 오늘의 단어 **Poke** [동사] 찌르다

Please sit nicely on the couch.

소파에 똑바로 앉으렴.

공공장소에 있는 소파에 아이를 앉혔는데, 아이가 신발을 신고
소파 위에 서려고 할 때가 있어요. 그럴 땐 참 난감하지요.
잘못인 줄 모르고 한 행동이지만, 공공장소 소파에는 함부로 신발을 신고 올라가면
예의가 아니라는 걸 알려줘야 합니다. 이럴 때 **sit nicely**라는 표현을 쓸 수 있어요.
Nicely를 '착하게'라고 생각할 수 있지만 '바르게'라는 뜻과 더 가까워요.

 오늘의 단어 **Nicely** [부사] 똑바로

지시
Don't rub your boo-boo.

상처를 자꾸 만지지 마.

이유
You need to let it heal.

빨리 나아야 하니까.

열심히 놀다가 상처가 날 때가 있어요. 회복할 때까지 두면 잘 아물겠지만,
상처를 자꾸 만지려는 아이가 있지요.
상처가 잘 낫지 않고 감염이 될 수 있기 때문에 그 행동을 멈출 수 있도록 알려줘야 해요.
이럴 땐 'Don't rub your boo-boo.'라고 해요. 아이한테는 injury(상처)라는 단어가 어려우니
아이 말로 boo-boo라고 할 수 있다는 걸 2월에 배웠지요?

 오늘의 단어 **Rub** [동사] 비비다

Please keep your room clean.

방을 깨끗하게 정리해주렴.

아이의 방을 항상 깨끗하게 유지하기란 참 어려워요.
아이는 엄마, 아빠의 말과 행동에 늘 집중하고 있으니까, 아이에게 정리하는 모습을
보여줄 수 있지요. 그러면 놀이를 한 뒤 어질러진 방에 대해
책임감을 느끼고 스스로 정리를 하기 시작할 거예요. 이 표현은
'Don't make a mess in your room(방을 어지럽히지 마).'보다 더 긍정적인 표현이에요.

오늘의 단어 **Room** [명사] 방

지시

Don't play with my necklace.

내 목걸이 잡아당기지 마.

이유

It's not a toy.

장난감이 아니니까.

반짝거리는 보석은 아이들 눈에도 참 멋져 보이나 봐요.
목걸이를 한 엄마나 아빠 목으로 손을 자꾸 뻗는 것을 보면요.
비싸고 소중한 목걸이도 아이들에게는 그저 멋지고 새로운 장난감으로 보일 수 있지요.
아이들은 목걸이가 장난감이라고 생각해서 **play with**, 즉 가지고 놀아도 된다고 생각하니까요.

오늘의
단어
Necklace [명사] 목걸이

***

아이가 자라면서 예의에 대한 개념을 배우기 시작해요.

모든 것을 처음부터 배워가고 알아가는 아이들은 어떤 것이 괜찮고 어떤 것이 괜찮지 않은지 혼란을 겪을 수 있어요.

이 과정에서는 아이들이 예의를 몸에 익히고 잘 따를 수 있도록 끈기 있게 함께해주어야 하지요.

공공장소에서 뛰고 소리 지르는 아이를 훈육할 때 '하지 마.' '그만해.' 같은 표현을 쉽게 쓰곤 해요. 영어로 don't, quit, stop 같은 표현이지요.

명령하여 훈육할 수도 있지만 예의를 알려줄 때는 보다 긍정적인 표현으로 말해보면 어떨까요?

긍정적인 표현으로 예의를 알려주면, 훈육하는 과정에서도 아이를 인격체로 존중해줄 수 있어요.

인격체로 존중받은 아이는 자신의 행동에 책임감을 느끼기 때문에 예의를 몸에 익히려고 좀 더 노력할 수 있지요.

^{지시}

Don't scream at the cat.

고양이에게 소리를 지르지 마.

^{이유}

The cat doesn't like that.

고양이가 좋아하지 않으니까.

아이들은 주변 사람뿐만 아니라 반려동물과도 대화하고 싶어 해요.
길에서 만나는 참새와 고양이도 재미난 대화 상대이지요.
그런데 목소리 크기를 조절하지 못해서, 동물들이 불편해할 만큼 크게 소리를 지를 때도 있어요.
이런 경우에 즉시 'Don't scream at the cat·dog.'라고 할 수 있어요.

오늘의
단어

Scream [동사] 소리 지르다

JULY

MANNERS

긍정적인 표현으로 존중하기

7월

존중받으며
자란 아이는
자신의 행동에
책임감을 가져요

지시
Stay away from the pool.

수영장에 가까이 가지 마.

이유
You might fall in.

빠질 수 있으니까.

아이들 머릿속에는 가면 안 되는 곳에 대한 개념이 아직 잘 세워져 있지 않아요.
위험한 곳에 대한 개념은 꼭 옆에서 알려주어야 해요.
특히 큰길이나 호수 같은 위험한 장소 근처에 있다면 말이에요.
이런 경우에 '**stay away from** 장소.' 표현을 쓸 수 있어요.
'그 장소에서 좀 떨어져 있어.' 즉 '가까이 가지 마.'라는 뜻이 되지요.

 오늘의 단어 **Pool** [명사] 수영장

지시

Don't eat too much candy.

사탕을 너무 많이 먹지 마.

이유

You might get a stomachache.

배탈이 날 수 있으니까.

아이는 좋아하는 음식이 생기면 그 음식을 한꺼번에 많이 먹으려고 하기도 해요.
너무 많이 먹으면 배탈이 날 수 있으니까 아이에게 'Don't eat too many·much 음식.'이라 말할 수 있어요.
셀 수 있는 음식(포도, 딸기 등)에 대해서 말할 때는 **too many**라고 하면 되고
셀 수 없는 음식(밥, 고기 조각, 면 등)에 대해서 말할 때는 **too much**라고 하면 돼요.

 오늘의 단어 **Candy** [명사] 사탕